墨香财经学术文库

“十二五”辽宁省重点图书出版规划项目

Research on the Theory and Application of Semiparametric Smooth Transition Autoregressive Model

半参数平滑转换自回归模型理论研究及其应用

蔡　楠◎著

东北财经大学出版社
Dongbei University of Finance & Economics Press
大连

图书在版编目（CIP）数据

半参数平滑转换自回归模型理论研究及其应用 / 蔡楠著. —大连：东北财经大学出版社，2016.12
(墨香财经学术文库)
ISBN 978-7-5654-2531-8

Ⅰ. 半… Ⅱ. 蔡… Ⅲ. 半参数模型-平滑-转换-自回归模型-研究
Ⅳ. ①O211.3 ②O212.1

中国版本图书馆CIP数据核字（2016）第277977号

东北财经大学出版社出版发行
大连市黑石礁尖山街217号 邮政编码 116025
网 址：http：//www.dufep.cn
读者信箱：dufep @ dufe.edu.cn
大连图腾彩色印刷有限公司印刷

幅面尺寸：170mm×240mm 字数：102千字 印张：7.5 插页：1
2016年12月第1版 2016年12月第1次印刷
责任编辑：李 彬 杨紫旋 责任校对：何 群 赵伟华
封面设计：冀贵收 版式设计：钟福建
定价：22.00元

教学支持 售后服务 联系电话：（0411）84710309

如有印装质量问题，请联系营销部：（0411）84710711

本书由

财政学特色重点学科专项资金资助

出版

前言

宏观时间序列模型的时变性和非线性已经成为众所周知的经济学特征事实。尽管非线性参数模型能够较好地拟合数据，但样本外预测能力却无法令人满意。在广泛使用的平滑转换自回归（smooth transition autoregressive，STAR）模型中，转换变量进入转换函数的方式过多地依赖一些先验的函数形式假设，从而存在模型误设的风险。本书使用非参数方法拓展传统的STAR模型，首次提出半参数STAR模型。在保持STAR模型基本形式不变的前提下，让转换变量以非参数的形式进入转换函数，在保留传统STAR模型较好的经济学解释能力的同时，该模型能够避免模型误设的风险，从而提高模型的样本外预测能力。本书提出了一个新的三阶段估计方法，并建立了估计量的大样本统计性质。本书用1994年1月到2012年7月的人民币实际有效汇率月度数据，比较了半参数STAR模型和随机游走模型、自回归模型、门限自回归模型、平滑转换自回归模型和人工神经网络模型的样本外预测能力，发现半参数STAR模型在样本外预测能力上具有显著优势。同时，作为使用STAR模型的前提，本书提出了一个新的非参数稳定性检验用于检验模型的结构稳定性。和传统的稳定性检验方法相比，该方法不仅能够检验结构突变，而且能够更有效地捕捉到缓慢的连续性结构变化。本书的研究内容不仅是理论和方法论的创新，而且在宏观经济分析与预测中具有重要的应用价值。

本书分为 6 章，具体结构安排如下：

第 1 章为绪论，阐述了本书的研究背景，提出了研究问题，指出了研究意义，并对本书的结构安排进行说明。

第 2 章提出了一个新的稳定性检验方法。稳定性检验在时间序列分析中是一个很重要的问题，一直得到很多统计学家和计量经济学家的关注，并提出了很多稳定性检验方法，但现有文献中的稳定性检验方法大部分都是针对突变式或跳跃式的结构变化，而无法有效地检验缓慢连续的结构变化，后者在结构变化中往往更为普遍。Hansen（2001）就曾指出，“结构突变似乎不太可能，更合理的是结构变化在一段时间内发生”。本章应用非参数广义 F 检验、LASSO 与 wild bootstrap 的方法，提出了一个新的稳定性检验方法，并应用此方法对从 1997 年 1 月到 2010 年 12 月共 92 个中国主要月度宏观经济变量的双变量关系进行稳定性检验。检验结果表明，在所有的 8 370 组双变量关系中，有超过 70%的双变量关系是显著不稳定的。

第 3 章是文献回顾。自 20 世纪 90 年代末以来，非线性时间序列模型的两个主要研究方向是混沌论模型（chaos model）和机制转换模型（regime switching model），而后者考虑了各种不同形式的机制转换行为，通常由三个最常见的机制转换模型组成，分别为马尔科夫机制转换模型、门限自回归模型和平滑转换自回归模型。本章介绍了这三个模型和流行的估计方法，并对这三个模型做了比较，分析它们各自的特点。

第 4 章提出了一个新的模型——半参数 STAR 模型。传统 STAR 模型在理论上具有一些缺陷，即传统 STAR 模型的转换变量进入转换函数的方式过多地依赖一些先验的函数形式假设，存在模型误设的风险，这会严重制约实证分析研究，对模型预测的效果产生重要影响。为了解决这个问题，本章用非参数方法拓展 STAR 模型，首次提出半参数 STAR 模型。本章保持 STAR 模型基本形式不变，让转换变量以非参数的形式进入转换函数，这样既完整地保留了 STAR 模型的经济学解释能力，又解决了模型误设问题，提高了模型的预测能力。由于半参数 STAR 模型的非参数部分嵌套在对数形式的转化方程中，不能与参数部分分离，因此本章采用半参数 STAR 模型的三阶段估计法，将参数部分和非参数部分分别估计。针对半参数 STAR 模型的三阶段估计法，本章给出每一步相应的估计值的渐近性质，并且用蒙特卡洛实验验证了半参数 STAR 模型的估计效果。我们感兴趣的是，对于不同形式的转换函数，三阶段方法是否能很好地估计模型系数，特别是对非参数部分能否很好地估计。结果显示，半参数 STAR 模型对数据的拟合结果令人满意。

第 5 章是实证研究。本章用半参数 STAR 模型对 1994 年 1 月到 2012 年 7 月的人民币实际有效汇率月度数据做了实证研究。研究表明，半参数 STAR 模型能够很好地描述数据在不同机制之间平滑转换的非线性特征，人民币汇率呈现非对称的转化机制，而这一现象正是由人民币汇率长期受中国政府的管理和控制造成的，而且半参数 STAR 模型解决了模型误设的问题，提高了模型的预测能力。本章还进一步比较了半参数 STAR 模型和随机游走模型、自回归模型、门限自回归模型、平滑转换自回归模型和人工神经网络模型的样本外预测能力，发现半参数 STAR 模型在样本外预测能力上具有显著优势。

第 6 章为结论。对全书进行总结。

本书的出版是在东北财经大学财政与税务学院“财政学特色重点学科专项资金”资助下实现的，在其大力支持下，我顺利地完成了本书的撰写和完善工作，在此表示衷心的感谢。另外，对东北财经大学出版社李彬和杨紫旋二位女士表示衷心的感谢，没有她们的帮助与关心，此书不可能很快出版。由于作者水平有限，错谬之处在所难免，恳请广大读者批评指正。

蔡　楠

2016 年 11 月

目录

1 绪论

经济的结构转型和快速发展使中国的大部分宏观变量具有时变性和非线性的特点，从而使宏观经济预测在理论上和实践中面临更多的挑战。本书首创将平滑转化自回归（smooth transition autoregressive, STAR）模型和非参数方法相结合，提出半参数 STAR 模型，并研究其理论性质和应用效果。STAR 模型能够较好地模拟结构变化，但依赖于先验的函数假设，无法充分描述非线性和时变性的特点，而非参数方法能够模拟各种非线性特征，两者的结合可以更有效地预测中国宏观经济变量的走势。同时，作为使用 STAR 模型的前提检验，我们提出了一个新的非参数方法，用于检验模型的结构稳定性和线性化。和已有的检验方法相比，该方法不需要断点信息并具有理想的小样本性质。我们考察了中国主要宏观变量的结构稳定性和模型线性化，并利用中国的宏观数据全面比较包括半参数 STAR 模型在内的主要宏观预测模型的预测能力。本书的研究内容不仅是理论和方法论的创新，而且在宏观经济预测中具有重要的应用价值。

1.1 研究背景及意义

1.1.1 经济学背景

一直以来，宏观经济预测是国民经济管理和计量经济学理论中的一个重要课题，提高宏观经济预测的科学性和精确性对于政府的经济决策和监督管理具有十分重要的现实意义。宏观计量经济学得到计量经济学家和统计学家的普遍关注，发展迅速，是国际学术界的研究热点之一，并且已被成功应用到宏观经济预测中（Bernanke、Boivin 和 Eliasz，2005）。而近几年这一领域最大的发展就是将非线性时间序列模型应用于宏观经济预测。

随着中国统计体系的完善、指标结构的优化及定期公布的月度宏观数据的积累，我国已经具备进行科学宏观经济预测的数据基础。但是，中国自改革开放以来，社会经济发展一直处于转型阶段，在从计划经济向市场经济过渡的过程中，宏观经济政策目标的调整、宏观经济调控手段的创新、国民经济统计方法和统计口径的变动，以及社会经济制度层面的变革都可能使宏观变量之间的经济关系出现时变性和非线性的特点。如何提出更能适合时变性和非线性特点的新的理论模型，并在实践中能够有效地提高中国宏观经济预测的效果是一个紧迫而具有挑战性的工作。

平滑转化自回归模型是国际学术界普遍使用的宏观经济预测模型之一，被广泛地应用于预测工业产出、实际汇率、失业率等主要宏观时间序列中。但是，现有的 STAR 模型往往依赖于一些先验的函数形式假设，在模拟真实时间序列数据的非线性和时变性方面存在着一定的制约，从而影响宏观预测的效果。

为了更好地模拟宏观经济数据的时变性和非线性，本书在传统的 STAR 模型的基础上，运用非参数估计方法与平滑转化自回归模型相结合的半参数方法进行了拓展。平滑转化自回归模型可以成功地描述预测变量之间结构关系的转变，而非参数方法可以更好地模拟时间序列数据的各种非线性和时变性特征。两者的有效结合不仅可以增加样本内估计的拟合度，而且能够提高样本外的预测能力。

模型结构稳定性检验和模型线性化检验是决定是否使用STAR模型的先决条件。基于比较线性固定系数模型和非参数时变系数模型，本书提出了新的非参数模型检验方法。考虑到中国宏观数据样本量偏小的特点，本书提出bootstrap方法来计算统计检验量的经验分布，提高统计推断效率。和文献中已有的方法相比较，本方法的最大优点在于无需先验地知道断点的数目和具体的位置等信息，并具有较理想的小样本性质。在应用研究中，本书利用上述的检验方法对中国主要宏观变量间的双变量关系进行线性检验和结构稳定性检验。从实证研究的角度出发，稳定性检验和线性检验不仅是使用STAR模型的先决条件，对其他非线性模型也同样适用，这项检验的意义已超越了本书的自身范围。比如，结构稳定性检验和模型线性化检验也是在经验研究和政策分析中得到广泛应用的向量自回归（VAR）方法和结构向量自回归（SVAR）方法的前提检验之一。

本书对于促进中国宏观经济预测的理论研究、提高中国宏观经济预测的科学性和准确性具有重要的政策意义和实践意义。从理论研究上来看，本书拓展了已有的STAR模型，首次提出了半参数STAR模型，并系统研究了新方法的渐进性理论和小样本绩效。本书也提出了基于非参数估计和bootstrap方法的结构稳定性与模型线性化的检验方法，这也是对模型检验理论的一个发展。从实证研究上来看，本书是首次对中国宏观经济数据进行结构稳定性和模型线性化检验，并且综合比较各主要宏观预测模型的预测效果。这些实证研究不仅填补了相关领域的空白，而且其研究结果将有效地提高中国宏观预测能力和对宏观经济的科学管理能力。

1.1.2 理论背景

在理论方面，本书主要涉及三个方面的理论文献：非线性时间序列参数模型、局部线性回归方法、结构稳定性检验与模型线性化检验。

在计量经济学的理论文献中，常见的非线性时间序列参数模型主要包括马尔科夫机制转化模型（Markov switching model，Hamilton，1989），门限自回归模型（threshold autoregressive model，TAR，Tong，1983），以及最为流行的平滑转化自回归模型（smooth transition autoregressive model，STAR，Terasvirta，1994）。这三种模型考虑了各种不同形式的机制转换行为，最主要的区别在于如何处理机制转换结构中的信息。典型的马尔科夫机制转换模型假定机制转换由外生的不可观测的马尔科夫链决定，这里没有对机制变化发生的原因以及这些变化的时间作出解释；门限自回归模型允许机制变化是内生的，其中决定机制转换的变量是可观测的，但是引起机制转换的门限值却是不可直接观测的，转换机制是离散的；而平滑转换自回归模型在两个极端机制之间的变化为平滑或逐渐的变化。而且，通过选择不同的平滑变量（smoothness variable）的值，门限自回归模型可被看作 STAR 模型的一个特例。当 STAR 模型的转换方程（transition function）被定义为转化变量（transition variable）本身时，并且假定这个转换变量是一个离散的指示变量，取值 0 和 1，服从马尔科夫过程，那么马尔科夫转化模型也是 STAR 模型的另一个特例。STAR 模型可以更为现实地描述连续的状态转化和结构变化，因而被广泛地应用于预测工业产出、实际汇率、失业率等主要宏观时间序列，参见 Lundbergh 和 Terasvirta（2001），van Dijk、Terasvirta 和 Franses（2002）。

在现有文献中，根据不同的转换方程函数形式，STAR 模型可以分成两类：LSTAR 模型和 ESTAR 模型。LSTAR 模型对应的是逻辑函数形式的转换函数，而 ESTRA 模型对应的是指数函数形式的转换函数。不同形式转换方程代表不同的机制转换方式，具有不同的经济学含义。但为什么转换方程只能选择逻辑函数和指数函数这两种形式，这个问题无论是从经济理论还是统计理论本身都无法提供理论依据，实际上转换方程的选择完全是长期经验积累的结果。为了避免任意地选择转化方程的具体形式，本书提出用局部线性回归（local linear estimation）的非参数方法来估计转换方程，并在理论上研究了包含非参数转化方程的 STAR 模型的渐进性质和小样本表现。中国目前处于社会经济的转型阶段，而上述模型正适合描述连续平滑的过渡过程，因此直观上，本书的模型应该更适合中国宏观数据的特点。

局部线性回归（locally linear regression）是近年来最为流行的非参数估计方法，也是应用最为广泛的非参数估计方法，参见 Fan（1992）、Fan（1993）、Fan 和 Gijbels（1996）、Fan 和 Yao（2005）。和其他的非参数方法相比，如以 Nadaraya（1964）和 Watson（1964）命名的 Nadaraya-Watson 方法，局部线性回归估计量的上下边界具备最小化最大风险（minimax risk）的效率优势，它在内点处可以取得和 Nadaraya-Watson 方法相似的估计效果，但在边界处则可以得到更好的估计。局部线性回归还具有计算简便的特点，其估计方法与加权最小二乘法非常相似，容易求得点和一阶导数的估计。因此，运用局部线性回归可以非常简便地得到导数函数的估计值。Cai、Fan 和 Yao（2000）将局部线性回归方法运用到时间序列数据的函数系数回归模型（functional-coefficient model）中。常见的门限自回归模型可被看作函数系数回归模型的一个特例。研究发现，函数系数回归模型能够更好地描述潜在的动态结构，从而具有更好的样本外预测绩效。Cai（2007）则将局部线性回归方法运用到包含时间趋势的时变时间序列模型（trending time-varying coefficient time series model）中，并且得出了该估计量的大样本性质。本书利用局部线性回归方法估计 STAR 模型中的转换方程和非线性指标方程，并研究这些新估计量的渐进性质和小样本性质。

对实际数据进行结构稳定性检验和模型线性化检验是使用 STAR 模型和非参数 STAR 模型的前提条件。Stock 和 Watson（1996）对美国第二次世界大战后代表性的 76 个月度宏观时间序列以及它们两两之间的依存关系进行了稳定性检验。他们采用了一系列稳定性检验的方法，其中包括：（1）将稳定性检验建立在比较固定系数线性模型和时变系数参数模型的方法，参见 Nyblom（1989）；（2）建立在累积预测误差（cumulative forecast errors）基础上的稳定性检验方法，参见 Ploberger 和 Kramer（1992）；（3）建立在序贯 Wald 统计量基础上的稳定性检验，参见 Quandt（1960）、Andrews 和 Ploberger（1994）、Hansen（1992）。不同的检验方法得到了类似的结论。即使在美国这样一个市场经济成熟的国家，其研究发现在 5 700 个双变量稳定性检验中，有超过 55%的依存关系是不稳定的。

利用最新发展起来的包含时间趋势的时变时间序列模型，我们将稳定性检验和模型线性化检验建立在比较非参数估计与线性参数估计的基础上，并通过 bootstrap 的方法来计算检验量的 p 值。Chen 和 Hong（2012）证明一个类似的经标准化以后的统计量服从渐进的标准正态分布。与 Stock 和 Watson（1996）所采用的稳定性检验方法相比，我们的方法具有以下几个优点：第一，用非参数的方法可以检测到连续的渐近性的结构变化，而以前的方法只适合于结构突变的检验；第二，我们的方法可以同时检验结构非稳定性和非线性；第三，无需关于结构性断点的位置信息和数目信息；第四，因为使用了 bootstrap 工具，我们的方法具有更理想的小样本性质。

VAR 模型和 SVAR 模型在研究中国经济问题的文献中得到了广泛应用。国内学者主要使用 CPI 通胀率、短期利率、汇率、货币供应量、进出口贸易量、外商直接投资、产出、消费、政府财政收支等变量，利用 VAR 模型或者 SVAR 模型以及脉冲反应函数等方法来分析 FDI、实际汇率以及货币政策等相关关系。例如，戴金平和王晓天（2005）利用 VAR 模型来分析中国的贸易、境外直接投资和实际汇率的动态关系；宋旺和钟正生（2006）利用 VAR 模型来分析货币政策区域效应的存在性，从而得出货币政策具有显著的区域差别的结论；刘琛和卢黎薇（2006）利用 VAR 模型来分析外商直接投资的动态时滞效应，得出 FDI 可以通过不同的途径对中国的经济产生综合影响的结论；封北麟和王贵民（2006）利用 VAR 模型来分析货币政策与金融形势指数 FCI，结果表明包含真实货币供应量的 FCI 指数对 CPI 通胀率具有更好的预测力；陈六傅和刘厚俊（2007）则利用 VAR 模型来分析人民币汇率的价格传导机制，发现稳健的货币政策有利于进一步隔绝来自外部的通货膨胀压力。其他利用 VAR 模型和 SVAR 模型来分析中国宏观或金融数据的文献还包括：施建淮（2007）、王永齐（2006）、王义中和金雪军（2006）、赵振全和刘柏（2006）、Qi 和 Teng（2006）、Abeysinghe 和 Lu（2003）等。

而使用VAR模型和SVAR模型的前提是通过结构稳定性检验和模型线性化检验，但是对中国宏观经济变量进行结构稳定性检验和模型线性化检验的经验研究基本上处于空白阶段。由此可见，在实证研究中，现有的绝大部分的文献往往忽视了结构稳定性检验和模型线性化检验的重要性。因此，对中国主要宏观变量的结构稳定性检验和模型线性化检验已经成为一项基础性的研究工作。在进行宏观政策分析和宏观经济预测中，我们的工作有助于研究者选择正确的宏观计量模型，比如是选择固定系数的VAR模型或SVAR模型，还是选择时变系数模型。

1.2 研究内容、方法和创新

1.2.1 研究内容

本书提出了半参数STAR模型及其半参数估计三阶段方法，为了更好地适应宏观经济数据的各种非线性和时变性的特点，并将此方法运用到中国的宏观经济预测中。在理论研究方面：第一，提出新的半参数模型估计方法并研究其渐进性性质和小样本绩效，拓展了经典的STAR模型；第二，结构稳定性检验和模型线性化检验是使用STAR模型的前提条件，因此本书提出了一个基于非参数估计的新的检验方法。在应用研究方面：第一，对中国的宏观时间序列数据进行结构稳定性检验和模型线性化检验；第二，比较包括非参数STAR模型在内的主要时间序列模型在宏观经济预测绩效上的差异，从而进一步提高中国宏观预测的科学性和精确性。具体内容如下：

第一，基于非参数方法的结构稳定性检验和模型线性化检验。结构稳定性检验和模型线性化检验是选择线性模型、时变系数模型和非线性模型的事前检验。本书提出一个新的检验方法。该方法建立在包含时间趋势的时变时间序列模型的基础上，通过局部线性回归的非参数方法来估计上述的时变系数模型，取得残差平方和，并将其与固定系数的线性参数模型的残差平方和进行比较，从而构造一个检验稳定性和模型线性化的统计量，并利用wild bootstrap的方法求得该统计量的样本分布。

和已有的检验方法相比，该检验量更容易检测到连续的结构变化，并且不要求假设关于结构断点的相关信息。

第二，STAR 模型的半参数估计方法和渐近性理论。STAR 模型是最流行的宏观预测模型之一，是在转换回归模型（Quandt，1958）和门限自回归模型（Tong，1990）的基础上发展起来的。然而大量的实证研究发现，STAR 模型虽然能很好地拟合数据，给出很好的经济学解释，但样本外预测能力无法令人满意。这种现象的产生是因为 STAR 模型理论存在一些缺陷，导致模型存在误设风险。我们在完整保留了 STAR 模型基本形式不变的同时，将转换变量以非参数形式进入转换函数。这样既完整地保留了 STAR 模型的经济学解释能力，又解决了模型误设问题，提高了模型的预测能力。由于半参数 STAR 模型的非参数部分嵌套在对数形式的转化方程中，不能与参数部分分离，因此我们提出半参数 STAR 模型的三阶段估计法，将参数部分和非参数部分分别估计，并且用蒙特卡洛实验验证了半参数 STAR 模型的估计效果，即对不同形式的转换函数，检验三阶段方法能否很好地估计模型系数，特别是对非参数部分，其能否进行很好的估计。结果显示，半参数 STAR 模型对数据的拟合结果令人满意。针对半参数 STAR 模型的三阶段估计法，本书给出了每一步相应的估计值的渐近性质。

第三，中国主要宏观变量的结构稳定性检验和模型线性化检验。运用本书提出的基于非参数方法的结构稳定性和模型线性化的检验方法来考察中国 85 个主要的月度宏观数据，包括产出、消费、价格、汇率、财政和金融市场等变量两两之间双变量检验的线性关系和稳定性。双变量的稳定性检验是所有固定系数线性模型的基础，因此双变量关系的不稳定性和非线性就预示着多变量关系之间的不稳定性和非线性。这项经验研究将成为一项重要的基础性的研究工作，因为结构稳定性检验和模型线性化检验是正确使用宏观预测模型以及非常流行的 VAR 和 SVAR 模型的前期工作。

第四，半参数 STAR 模型与预测模型的比较。用半参数 STAR 模型，我们对 1994 年 1 月到 2012 年 7 月间的人民币实际有效汇率进行了研究，发现半参数 STAR 模型能过很好地描述人民币汇率在不同机制之间的非线性转换。我们比较了半参数 STAR 模型与随机游走模型（random walk model，RW）、自回归模型（autoregressive model，AR）、门限自回归模型（threshold autoregressive model，TAR）、平滑转换自回归模型（smooth transition autoregressive model，STAR）、人工神经网络模型（artificial neural network model，ANN）的样本外预测能力，计算半参数 STAR 模型和上述各种模型的样本外一步向前预测值（one-step-ahead forecasts），并且用预测误差的方差平均值（MSFE）和预测误差的绝对值平均值（MAFE）来评价预测效果，并进一步作了 SPA 检验（Hansen，2005）和 ENC-NEW 检验（Clark 和 McCracken，2001，2005），结果显示半参数 STAR 模型具有良好的样本外预测能力。

1.2.2 研究方法

第一，方法。本书运用的方法分为理论与实证两个方面。在理论方面，本书运用局部线性回归的非参数方法，提出两个二阶段回归方法来分别估计包含非参数转化方程的 STAR 模型和包含非线性指标方程的 STAR 模型。在结构稳定性和模型线性化检验中，本书主要运用非参数时变系数模型和固定系数线性模型的比较来建立新的统计检验量，并运用 wild bootstrap 的方法来计算其经验分布。在实证方面，本书利用上述的理论方法来检验中国主要宏观经济变量的结构稳定性和模型线性化，并比较各主要时间序列模型的样本外预测绩效，从而综合评价各种预测模型对中国真实数据的预测能力。

第二，技术路线。本书将首先建立宏观变量及其相互关系之间结构稳定性和模型线性化的检验方法。这些检验是正确选择各种 STAR 模型的重要前提检验。其次，我们提出 STAR 模型及其扩展模型的非参数估计方法，并建立其渐进性理论。和文献中已有的方法相比，本书的方法要求较少的先验假设条件，从而能更好地模拟模型本身的非线性性质和时变性性质。最后，运用上述理论方法，我们将检验中国主要宏观变量的结构稳定性和模型线性化，并比较各种宏观预测模型的预测绩效，综合评价各种预测模型在中国的适用性。

第三，关键技术。本书涉及的关键技术主要包括三点：（1）在STAR模型的非参数方法中，我们主要运用局部线性回归法来分别取得转化方程和非线性指标方程的非参数估计；（2）在非参数估计中，我们将使用最新发展起来的非参数AIC（nonparametric AIC）方法来选择窗宽（bandwidth）；（3）在基于非参数估计的结构稳定性和模型线性化的检验中，我们使用wild bootstrap方法来计算统计量的样本分布和统计检验的p值。

1.2.3 创新点

本书的特色与创新之处主要表现在以下四个方面：

第一，本书首次提出半参数STAR模型和三阶段估计的方法，并给出估计方法的渐进性质。和已有的STAR模型相比，该模型无须先验地假设转化方程的具体形式，从而能更好地模拟现实数据。

第二，基于非参数估计和wild bootstrap的方法，我们将提出一个新的结构稳定性和模型线性化的检验方法。和已有的方法相比，它需要较少的先验信息，并能够有效地检测到连续的结构变化。

第三，本书首次对中国的主要宏观变量及其相互之间的关系进行结构稳定性和模型线性化检验。这不仅是正确选择宏观预测模型的前提检验，也是目前广泛流行的VAR和SVAR的前提检验，因而是一项被迫切需要的基础性的研究工作。

第四，利用中国的宏观经济数据，本书比较主要宏观预测模型的预测效果，从而综合评价各种模型在中国宏观预测中的适用性。

2 非参数稳定性检验

2.1 引言

在宏观经济分析与预测中，首先需要考虑的问题是检验所研究的宏观经济变量之间的关系是否具有稳定性，即是否存在时变性的结构变化。各种经济性和非经济性因素都可能导致宏观经济模型表现出时变性的特征。比如，消费者偏好的改变会导致消费需求、储蓄行为和劳动投入的改变，进而影响厂商生产、投资等行为的变化。制度的变迁、政策的更替和技术进步也会对经济产生深远影响，进而改变经济结构。而一些重大的政治事件和严重自然灾害的爆发也会使经济偏离原来发展的轨迹。特别是在时间跨度较长的情况下，这种变化更为显著。很多研究也证明这种经济结构的不稳定性确实是普遍存在的。Stock 和 Watson（1996）以美国第二次世界大战后 76 个具有代表性的月度宏观时间序列数据为样本，采用了多种不同的稳定性检验方法，发现在 5 700 组宏观经济变量关系中，有半数以上的关系是显著不稳定的。Ben-David 和

Papell（1998）研究了 74 个国家第二次世界大战后的 GDP 数据，发现 54 个国家的经济增长率出现断点。McConnell 和 Perez-Quiros（2000）则检验了美国 GDP 增长率数据波动率的稳定性，发现在 1984 年前后波动率大幅下降。Hansen（2001）在美国制造业劳动生产率数据中发现了存在多个结构断点的经验证据。

中国是世界上最大的经济转型体，宏观经济政策和宏观经济调控手段的变化以及不断深化的内部市场一体化和国际化进程都会导致宏观经济结构发生深刻的变化。但是，在利用各种中国宏观经济变量的实证研究中，经济模型的时变性检验往往不受重视。比如说，向量自回归模型和结构向量自回归模型以及相应的格兰杰因果检验（Granger causality test）和脉冲分析在宏观经济分析与预测的实证研究中得到了越来越广泛的应用。但是，正确使用上述方法的一个前提是经济模型的结构稳定性。忽视宏观经济模型中存在的时变性特点会导致模型误设，从而在政策分析和宏观预测中得出误导性的结论。因此，在建立宏观经济模型时，我们首先要做的工作就是检验宏观经济变量之间的相互关系是否存在时变性的结构变化。

本书将 LASSO（least absolute shrinkage and selection operator；见 Tibshirani（1996）），非参数广义 F 统计量与 wild bootstrap 的方法结合起来，提出了一个从模型的选择、估计到检验的完整的稳定性检验方法。计量分析的第一步是如何构造模型和选取哪些变量。

传统的方法是通过对同一数据反复使用 AIC 准则（akaike information criterion）或 BIC 准则（bayesian information criterion）来选择变量，这会导致较大的模型选择误差（data snooping problem）。本书应用 LASSO 的方法，模型选择和模型估计同时进行，从而避免了传统模型选择方法所可能带来的不一致性，从而提高了稳定性检验的效率和可靠性。接下来在线性时间序列模型的基础上建立非参数时变模型，构造广义 F 统计量，并通过 wild bootstrap 的方法构建统计量的分布情况。和传统的稳定性检验方法相比，该方法不仅能够检验结构突变，而且能够更有效地捕捉到缓慢的连续性结构变化。不管原假设是否成立，非参数时变模型总能得到具有一致性的估计量，从而能够有效提高稳定性检验的势能（power）。由于使用了 bootstrap 的方法，我们的稳定性检验也具有更好的小样本性质。

2.2 文献综述

模型结构的稳定性一直得到很多统计学家和计量经济学家的关注，提出了很多的稳定性检验方法。这些方法大致可分为三类：第一类检验基于 F 检验。Chow（1960）做了开创性的工作提出 Chow 检验。Andrews（1993）对这个方法做了重要的改进和完善，建立了大样本理论，提出 supF 检验。Andrews 和 Ploberger（1994）做了进一步推广，提出了 aveF 和 expF 检验。第二类检验基于对波动的检验。Brown、Durbin 和 Evans（1975）最早提出递归的 CUSUM 检验，其基本思想是检验累积误差的大小。后经 Ploberger 和 Kramer（1992）将这个方法推广到 OLS 的情形。在此基础上，Chu、Hornik 和 Kuan（1995）提出了 MOsum 检验。第三类检验基于极大似然值。通过比较常系数线性模型和时变系数参数模型的方法，Nyblom（1989）用其极大似然值推导出一个拉格朗日乘数检验。Hansen（1992）将这个方法推广到线性回归模型的情形。Hjort 和 Koning（2002）提出了一个更一般的基于极大似然值的稳定性检验。

必须指出，传统的稳定性检验方法大部分都是针对突变式或跳跃式的结构变化，而无法有效地检验缓慢连续的结构变化，但后者在结构变化中往往更为普遍。Hansen（2001）就指出："结构突变似乎不太可能，而更合理的是结构变化在一段时间内发生。"

2.3 非参数稳定性检验方法

本书所提出的非参数稳定性检验方法的主要思想是基于比较固定系数线性参数模型和与之相对应的非参数时变系数模型的残差平方和，并以此为基础构造广义 F 统计量来检验稳定性。当原假设（稳定性）成立时，参数固定系数模型和非参数时变系数模型的估计结果比较接近。

当两者的差异较大时，我们拒绝原假设，从而认为这两个变量之间的关系是不稳定的（时变的）。具体来说，首先估计固定系数参数模型，计算其残差平方和。然后用局部线性回归（local linear estimation）的非参数方法估计与之对应的时变模型，得到其残差平方和。通过用这两个模型得到的残差平方和构造一个广义 F 统计量，并用 wild bootstrap 的方法求得该统计量的样本分布，从而可以计算其 p 值，以此进行统计推断。

2.3.1 原假设模型的选择

对任意两个时间序列变量 $\{x_t\}_{t=1}^{T}$ 和 $\{y_t\}_{t=1}^{T}$ ，我们考虑一个固定系数线性参数模型：

$$y_t = \mu + \alpha(L)y_{t-1} + \beta(L)x_t + \varepsilon_t \tag{2-1}$$

式中： μ 为截距项，是固定不变的常数； $\alpha(L)$ 和 $\beta(L)$ 代表 p 阶和 q 阶的滞后多项式，即 $\alpha(L)=\alpha_0+\alpha_1 L+\alpha_2 L^2+\cdots+\alpha_p L^p$ ， $\beta(L)=\beta_0+\beta_1 L+\beta_2 L^2+\cdots+\beta_q L^q$ ， L 代表滞后算子； $\{\varepsilon_t\}$ 是一个序列不相关的随机扰动项。

在公式（2-1）中， $\alpha(L)$ 和 $\beta(L)$ 的所有系数（ α 和 β ）都是固定不变的常数，意味着 x 和 y 两个变量之间的关系是稳定的。这里公式（2-1）代表了原假设成立时的真实模型。

在构造固定系数线性参数模型的过程中，首要的问题是如何选择模型变量，也就是如何选择最大滞后阶数 p 和 q ，以及如何选取合适的滞后项。在计量经济学和统计学中，模型变量选择是由来已久的问题，漏选重要变量意味着构造的模型本身是错误的，基于这个模型的统计推断都是不可靠的；将无关变量或者影响不大的变量选入模型会导致估计和预测的精度下降，而且为了获取数据，也会导致人力、物力的损失和浪费。对于本书要考虑的情形而言，主要困难在于：第一，解释变量的可能滞后项数目较多；第二，滞后项之间可能存在较严重的自相关性。在20世纪60年代就已经有不少文献研究这个问题，在方法和理论上都有巨大的发展和进步，标志性的研究成果主要有两个：一个是 Hirotsugu

Akaike（1974）提出的 AIC 准则，另一个是由 Schwarz（1978）提出的基于 Bayes 方法的 BIC 准则。

AIC 准则是根据信息论中的 Kullback-Leibler 信息量推导出来的。考虑包含 $k(k \geqslant p)$ 个变量的模型，其概率密度函数为 $g(y|\theta_k)$，极大似然函数为 $g(\hat{\theta}_k|y)$，其中 θ_k 表示未知参数，$\hat{\theta}_k$ 表示对应的极大似然估计。对线性回归模型，选择使

$$AIC = -2\ln g(\hat{\theta}_k|y) + 2k \tag{2-2}$$

达到最小值的变量子集。对于正态假设，则公式（2-2）变成

$$AIC = n\ln RSS_k + 2k \tag{2-3}$$

式中：RSS_k 表示残差平方和。

在上述两个 AIC 表达式中，第一项表示模型拟合的程度，其值越小拟合越好；第二项是对模型中包含变量个数的惩罚。模型包含的变量越多，拟合的程度就会提高，但是模型的复杂度也相应提高，这会导致估计和预测的精度下降。所以模型中的变量不是越多越好，两者之间存在一个平衡。至今，这种思想仍在模型选择的研究中处于主导地位，这也是人们在很多情况下对事物好坏方面进行取舍权衡的普遍行为模式，也可以说是一种行为哲学。

基于信息论的准则还有其他的一些 AIC 准则的变体。Takeuchi（1976）放宽了 AIC 准则的假设条件，提出了 TIC 准则。Ishiguro、Sakamoto 和 Kitagawa（1997）及 Yanagihara、Tonda 和 Matsumoto（2006）分别使用了自助法（Bootstrap）以及交叉验证法（cross-validation）改进 AIC 准则。AIC 准则有选择过变量的倾向，存在过拟合（overfitting）问题，Hurvich（1989）直接基于参数估计的期望值对 AIC 准则进行了修正，提出了 AICc 准则。与 AIC 相比，当样本容量小时，AICc 会增加变量个数的惩罚，从而更趋向于选择变量个数少的子集；当样本容量大时，它的表现与 AIC 类似。Kullback-Leibler 信息量是有方向的，存在定向偏离，也被称为 J-偏离，Cavanaugh（1999）利用 J-偏离推导 KIC 准则，KIC 的惩罚项降低了过拟合的风险。Seghouane 和 Bekara（2004）利用与 AICc 相同的方法推导出了 KIC 准

则的小样本修正版本 KICc。基于信息论的准则还有其他的一些 AIC 准则的变体，比如 McQuarriea、Shumwayb 和 Tsai（1997）提出 AICu 准则，Konishi 和 Kitagawa（1996）提出 GIC 准则。

BIC 准则是基于 Bayes 方法的，其主要思想是：首先先验地假定在备选模型族上的概率分布为均匀分布，然后利用样本分布求出该模型族上的后验分布，最后选择具有最大后验概率的模型。因此，BIC 准则可以表示为

$$BIC = -2\ln g(\hat{\theta}_k|y) + k\log n \tag{2-4}$$

对正态模型，BIC 为

$$BIC = n\ln RSS_k + k\log n \tag{2-5}$$

BIC 准则与 AIC 准则异曲同工，主要区别在于 BIC 加大了对增加模型变量个数的惩罚，相对于 AIC 准则而言，BIC 准则趋向于选择更少的变量进入模型。这里要特别强调的是，前面提到的 AICc 和 KIC 都加强了对增加模型变量个数的惩罚力度，但是 BIC 准则与它们有本质的不同。最重要的区别在于 BIC 准则惩罚项的系数随样本量增大而无限增大。基于 Bayes 方法的其他变量选择方法可以参考 George 和 McCulloch（1993），George 和 McCulloch（1997），Brown、Vannucci 和 Fearn（2002），Spiegelhalter、Best、Carlin、Linde 和 Trotta（2008）。

还有一类变量选择方法基于预测误差的准则，这一类中最具代表性的是 Mallows（1973）的 C_p 准则：

$$C_p = \frac{RSS_k}{\hat{\sigma}^2} - (n - 2k) \tag{2-6}$$

式中：$\hat{\sigma}^2$ 是残差估计值。

AIC 和 C_p 是渐近等价的。类似的还有 Akaike（1969）的 FPE 准则、Allen（1974）的 PRESS 准则、Shao（1997）的 GIC 准则。Foster 和 George（1994）定义了风险膨胀（risk inflation），并用这个概念提出了风险膨胀准则 RIC。从非参数的角度，Tibshirani 和 Knight（1999）提出了协方差膨胀准则（CIC）。

以上介绍的这些变量选择方法可以统称为子集选择法。这些传统变量选择准则在小样本下的性质通常不理想，而且子集选择方法的一个缺

陷是它的计算量大。另外，子集选择法还存在一个问题，就是它具有较大的模型选择误差。这是因为它的子集选择与参数估计是分两步进行的，在估计参数的过程中没有考虑模型选择的不确定性，从而低估实际的方差，通常导致所报告的置信区间太短。对假设检验而言，这意味着犯第一类错误的概率比实际更高。

为了解决上述问题，我们采用 Tibshirani（1996）提出的 LASSO 方法来进行模型的选择和估计。LASSO 的估计值可表示为：

$$(\hat{\mu},\hat{\alpha}_1,\cdots,\hat{\alpha}_p,\hat{\beta}_1,\cdots,\hat{\beta}_q)=\arg\min\left\{\sum_{t=1}^{T}\left(y_t-\mu-\sum_{j=1}^{p}\alpha_j y_{t-j}-\sum_{l=1}^{q}\beta_l x_{t-l+1}\right)^2\right\}$$

$$s.t.\quad \sum_{j=1}^{p}|\alpha_j|+\sum_{l=1}^{q}|\beta_l|\leqslant c \tag{2-7}$$

式中：$c\geqslant 0$ 为调节参数（tuning parameter），用来控制系数压缩的程度；用 $(\hat{\mu}^0,\hat{\alpha}_1^0,\cdots,\hat{\alpha}_p^0,\hat{\beta}_1^0,\cdots,\hat{\beta}_q^0)$ 来表示无约束的 OLS 的估计量。

当 $c<c_0$ 时，公式（2-7）系数的估计值会被向 0 压缩。当样本量趋向于无穷大时，不显著的系数估计值就会被压缩到 0，那么它所对应的滞后项就从模型中被自动删除了。c 值越大，模型中的变量就越多；而 c 值越小，压缩程度就越大，所选择的变量就越少。因此，LASSO 方法的关键之处在于调节参数 c 的选取。文献中关于调节参数的选取及回归系数估计的算法有很多，本书采用 Efron、Hastie、Johnstone 和 Tibshirani（2004）提出的最小角度回归法（least angle regression，LARS）。

和文献中常用的子集选择法（AIC 或 BIC）相比，LASSO 具有以下优点：第一，LASSO 方法是变量选择和参数估计同步进行，因此效率高、计算量小，这一点对于高维的情形尤其明显；第二，子集选择法是一个离散的无序过程，变量或者被保留或者被丢弃，因此不能降低整个模型的预测误差。与子集选择法不同，LASSO 的变量选择是一个连续有序的过程，对数据的变化没有子集选择法那么敏感，因此具有良好的稳定性，而且方差较小；第三，对同一数据反复使用 AIC 准则和 BIC 准则，子集选择法会导致数据挖掘偏误，而 LASSO 方法不存在这个问题。

采用最小角度回归法解公式（2-7），我们就可以得到 LASSO 的估计值 $(\hat{\mu}^*,\hat{\alpha}_1^*,\cdots,\hat{\alpha}_p^*,\hat{\beta}_1^*,\cdots,\hat{\beta}_q^*)$，其中一些估计值为 0，这意味着对应的变量从模型中删除了，因此我们获得了在原假设成立条件下的固定系数模型。在不引起混淆的情况下，为了简单表述，我们将经 LASSO 选择的模型记为：

$$y_t=\sum_{j=0}^{k}\gamma_j Z_{jt}+\varepsilon_t \tag{2-8}$$

式中：y_t 与公式（2-1）中的 y_t 一致；变量 $Z_t=(1,Z_{1t},\cdots,Z_{kt})$ 由 $(\hat{\mu}^*,\hat{\alpha}_1^*,\cdots,\hat{\alpha}_p^*,\hat{\beta}_1^*,\cdots,\hat{\beta}_q^*)$ 中参数估计值不为 0 所对应的 $\{x_t\}_{t=1}^T$ 和 $\{y_t\}_{t=1}^T$ 的滞后变量组成；k 为新模型变量的个数；γ_j 为相应的固定系数参数。

2.3.2 非参数时变模型的估计

在公式（2-8）的基础上，我们构造对应的时变系数模型：

$$y_t=\sum_{j=0}^{k}\gamma_j(t)Z_{t,j}+\varepsilon_t \tag{2-9}$$

与固定系数模型（公式（2-8））相比，时变系数模型中所有的参数 γ_j 都是时间 t 的一个连续函数。换言之，在不同的时间点 t，公式（2-9）允许有不同的 γ_j。为了取得渐进一致性的估计，根据 Cai（2007），我们需要假设：

（A1）$\{\varepsilon_t\}_{t=1}^T$ 是一个相互独立的时间序列①；

（A2）$E(\varepsilon_t|Z)=0$，其中 $Z=\{Z_1,Z_2,\cdots,Z_T\}$；

（A3）$E(\varepsilon_t|Z_t)=\sigma^2(Z_t)$，即容许存在异方差，且异方差是 Z_t 的函数；

（A4）$\gamma_j(\cdot)$ 和 $\sigma^2(\cdot)$ 是平滑函数（smooth function），$\gamma_j(\cdot)$ 的二阶导数和 $\sigma^2(\cdot)$ 是连续有界的，并且存在函数 $M(\cdot)$，使得 $\left|\sigma^2(Z_t)-\sigma^2(Z_s)\right|\leqslant M(Z_{|t-s|})$ 成立；

（A5）$\{(Z_t,\varepsilon_t)\}$ 是严格平稳的 α－混合型序列（strictly stationary α-

① 为简单起见，我们假设 $\{\varepsilon_t\}_{t=1}^T$ 是相互独立的时间序列。只要假设 $\{\varepsilon_t\}_{t=1}^T$ 为一个严格平稳的混合型序列，就能满足渐进一致性。

mixing)，存在 $\delta>0$ 使得 $E|Z_t|^{2(2+\delta)}<\infty$，$E|\varepsilon_t M(Z_t)|^{2+\delta}<\infty$，且混合系数 $\alpha(t)$ 满足 $\alpha(t)=O(t^{-\tau})$，其中 $\tau=(2+\delta)(1+\delta)/\delta$。

由于时间 $t=1,\cdots,T$ 是离散序列，根据 Robinson（1989）和 Robinson（1991）的建议，在实际估计时，我们重新定义时间变量 $t_i=i/T$，$t=1,\cdots,T$，其中 T 是样本量。经过变换后，γ_j 成为 t_i 的函数。当 T 趋向于无穷大时，t_i 在 $[0,1]$ 区间上的分布变得更加密集，从而确保了非参数估计的渐进一致性。根据假设（A5），$\gamma_j(\cdot)$ 具有连续的二阶导数，那么对于任意一个时间点 $s\in[0,1]$，我们可以对 $\gamma_j(t_i)$ 在时间点 s 对其进行泰勒展开，作为 $\gamma_j(t_i)$ 的近似值，即：

$$\gamma_j(t_i)=a_j+b_j(t_i-s) \tag{2-10}$$

局部线性回归的估计量被定义为 $\hat{\gamma}_j(s)=\hat{a}_j$，而 $\hat{b}_j$ 为其在 s 点的一阶导数的估计量。$(a_j(s),b_j(s))$ 的估计值为：

$$(\hat{a}_j(s),\hat{b}_j(s))=\arg\min\sum_{i=1}^{T}\left\{Y_i-\sum_{j=1}^{k}(a_j+b_j(t_i-s))Z_{i,j}\right\}^2 K_h(t_i-s) \tag{2-11}$$

式中：$K_h(t_i-s)=h^{-1}K\left(\frac{t_i-s}{h}\right)$，$K(\cdot)$ 是一个核函数（kernel function）①；$h>0$，代表窗宽（bandwidth），它满足以下条件：当 $T\to\infty$ 时，$h\to 0$ 并且 $hT\to\infty$。

通过加权局部最小二乘法，我们可以得到非参数时变模型的参数估计值 $\{\gamma_j(t_i)\}_{i=1}^{T}$，$j=1,\cdots,k$。

2.3.3 稳定性检验

广义 F 检验是建立在比较固定系数模型（公式（2-8））和时变系数模型（公式（2-9））的残差平方和的基础上的。公式（2-8）的残差平方和定义为：

$$RSS_0=T^{-1}\sum_{t=1}^{T}\left(y_t-\sum_{j=0}^{k}\hat{\gamma}_j Z_{t,j}\right)^2 \text{②}$$

---

① $K(\cdot)$ 是一个事先给定的对称的概率密度函数，满足：（1）$\int_{-\infty}^{\infty}K(u)du=1$；（2）$\int_{-\infty}^{\infty}K(u)u\mathrm{d}u=0$；（3）$\int_{-\infty}^{\infty}u^2K(u)\mathrm{d}u=C_k<\infty$；（4）$\int_{-\infty}^{\infty}K^2(u)\mathrm{d}u=D_k$。

② 此处参数估计值 $\hat{\gamma}_j$ 为 LASSO 的估计值。

类似地，公式（2-9）的残差平方和定义为：

$$RSS_1 = T^{-1}\sum_{i=1}^{T}\left(Y_i - \sum_{j=0}^{k}\hat{\gamma}_j(t_i)Z_{i,j}\right)^2$$

广义 F 统计量则定义如下：

$$T_n = (RSS_0 - RSS_1)/RSS_1 = RSS_0/RSS_1 - 1 \tag{2-12}$$

原假设定义为：

$$H_0:\gamma_j(t) = \gamma_j, 1 \leqslant j \leqslant k$$

在原假设下，所有模型的系数都是不随时间变化的固定系数，即变量之间的关系是稳定的。当 T_n 的值过大时，拒绝原假设，认为两变量之间的关系是不稳定的。Chen 和 Hong（2012）证明，在 n 趋向于无穷大时，经过标准化的 T_n 服从标准正态分布。为了取得较理想的小样本性质而且容许公式（2-9）存在异方差，我们采用非参数 wild bootstrap 方法而不是传统的 bootstrap 方法来估计 T_n 的样本分布。具体步骤如下：

（B1）估计非参数模型（公式（2-9）），得到其残差 $\{\hat{u}_t\}_{t=1}^{T}$，$\hat{u}_t = y_t - \sum_{j=1}^{p}\hat{\gamma}_{t,j}Z_{t,j}$，并将其中心化 $\tilde{u}_t = \hat{u}_t - \overline{\hat{u}}_t$，其中 $\overline{\hat{u}}_t = T^{-1}\sum_{t=1}^{T}\hat{u}_t$；

（B2）构造 wild bootstrap 残差 $\{u_t^*\}_{t=1}^{T}$，其中 $u_t^* = \tilde{u}_t * \eta_t$，$\{\eta_t\}_{t=1}^{T}$ 是一组独立同分布的随机变量，服从标准正态分布[①]；

（B3）利用（B2）中得到的 wild bootstrap 残差 $\{u_t^*\}_{t=1}^{T}$ 来构造 bootstrap 样本 $\{y_t^*\}_{t=1}^{T}$，定义 $y_t^* = \sum_{j=0}^{k}\hat{\gamma}_j Z_{t,j} + u_t^*$[②]，$(\hat{\gamma}_0, \hat{\gamma}_1, \cdots, \hat{\gamma}_k)$ 是固定系数模型（公式（2-8））的参数估计量[③]；

（B4）利用 wild bootstrap 所产生的样本 $\{Z_t, y_t^*\}_{t=1}^{T}$ 重新计算 bootstrap 的检验统计量 T_n^*；

（B5）重复步骤（B2）至（B4）M 次（比如，M 可取为 1 000），

---

① Kreiss、Neumann 和 Yao（2008）建议用上述 wild bootstrap 方法来取代传统的通过 $\{\hat{u}_t\}_{t=1}^{T}$ 的经验分布来获取 $\{u_t^*\}_{t=1}^{T}$ 的方法。

② 在求 $\{y_t^*\}$ 的过程中，由于 $\{Z_t\}$ 包含 y_t 的滞后项，我们用 $\{y_t\}$ 的前几个初值来计算。通过对（B3）中的公式反复迭代，产生一系列 $\{y_t^*\}$。

③ 这里用 LASSO 的估计值。

计算事件 $\{T_n^* \geq T_n\}$ 重复的频率，记为 p 。当 p 值小于 0.01 时，拒绝原假设，认为参数模型是不稳定的，这意味着变量 x 和 y 之间存在着非线性或者非稳定的关系。

和其他的稳定性检验方法相比，本书所采用的方法具有以下的优点：第一，这种方法不但可以检验结构性突变，而且可以检验缓慢的连续的结构变化。第二，此方法无需任何关于结构变化方式的先验信息，传统的检验方法需要假定断点的存在，判定断点的位置和个数。第三，这种方法在很弱的假定下具有良好的大样本性质，极限分布是标准正态分布。第四，在 wild bootstrap 的过程中我们使用非参数模型的残差估计值。无论原假设是否成立，我们所使用的残差都具有相合性，从而使我们的检验获得更好的势能（power）。第五，通过 wild bootstrap 的方法获取 T_n 的样本分布，可以得到较理想的小样本性质，而且容许模型存在异方差。第六，通过对时变模型系数估计值的进一步分析，我们可以判断经济关系结构变化的类型。

2.4 实证分析

运用本书所提出的非参数稳定性检验方法，我们对 1997 年 1 月至 2010 年 12 月间包括产出、消费、投资、价格指数、汇率、短期利率、货币供给、金融市场、进出口贸易和政府财政等 10 个系列共计 92 个中国主要宏观变量进行了稳定性检验。方颖和郭萌萌（2009）对 1997 年 1 月至 2006 年 11 月间 83 个中国主要宏观变量进行了稳定性检验。与方颖和郭萌萌（2009）的工作相比，本书的研究包含了更完整的宏观经济变量和样本时间段。更重要的是，方颖和郭萌萌（2009）的稳定性检验是建立在单变量基础上的，换言之，即检验某一宏观时间序列本身的自相关结构是否稳定，而本书所提出的稳定性检验是建立在双变量基础上的，即检验宏观变量两两之间的相互关系是否具有时变性。根据 Stock 和 Watson 的建议，稳定性检验是建立在双变量基础上的，即检验宏观变量两两之间的相互关系是否具有时变性。因为双变量关系在稳定性检验中具有更一般的意义，如果双变量关系呈现出不稳定的性质，那么更高阶的多元时间序列模型也是不稳定的。

2.4.1 数据描述

本书选取了 92 个月度宏观时间序列数据，所有数据均来自中国经济数据库（CEIC）。这些数据可以划分为 10 类——产出、消费、投资、进出口、价格指数、短期利率、汇率、货币、金融市场和政府财政，时间跨度为 1997 年 1 月到 2010 年 12 月。部分宏观时间序列数据同时包含了实际值和名义值，其中实际值以 1997 年 1 月的 CPI 为基期进行调整。

在进行稳定性检验之前，我们对数据做了以下调整：第一，我们对除了价格指数、上证综合指数收益率和深证综合指数收益率以外的所有数据进行了对数变换；第二，对产出、消费、投资、进出口、货币、政府财政等具有明显季节性因素的时间序列，我们用 X12 对其进行季节调整；第三，我们对所有的数据进行了单位根检验，因为数据的平稳性是非参数时变系数模型渐进理论的基础。我们使用的方法是常用的 ADF 检验（augmented dicky-feller test），遵循 Holdend 和 Permanent（1994）的序贯检验方法来确定模型是否含有截距项和时间趋势。我们采用 BIC 准则来确定 ADF 检验中的自回归滞后项的阶数。此外，为了确保 ADF 检验结果的正确性，对每组时间序列数据我们还使用 KPSS 检验（Kwiatkowski、Phillips、Schmidt 和 Shin，1992）验证结果。KPSS 检验和 ADF 检验所使用的模型假定完全一致。二者不同之处在于原假设的设定不同，KPSS 检验的原假设是被检验的时间序列是平稳的，而 ADF 检验的原假设是被检验的时间序列是单位根过程。当 KPSS 检验与 ADF 检验的结果不一致时，我们仍把该时间序列数据视为一个单位根过程。对于存在单位根的时间序列数据，对其进行一阶差分使其平稳化。而对仅存在时间趋势的时间序列数据，通过对时间 t 进行回归消除时间趋势。具体的时间序列数据的名称以及所作的调整见表 2-1。

表 2-1　**变量名称与数据处理**

变量名称	调整方式	变量名称	调整方式
消费			
名义零售总额	【1】【2】	实际零售总额	【1】【2】
投资			
名义 FDI	【1】【3】	实际 FDI	【1】【3】
名义合资	【1】【3】	实际合资	【1】【3】
名义合作	【1】【2】	实际合作	【1】【2】
名义外资	【1】【3】	实际外资	【1】【3】
名义股份	【1】【2】	实际股份	【1】【2】
名义房产投资	【1】【3】	实际房产投资	【1】【3】
进出口			
名义进出口总额	【1】【2】	实际净出口总额	【1】【2】
名义进口总额	【1】【2】	实际进口总额	【1】【2】
名义出口总额	【1】【2】	实际出口总额	【1】【2】
名义进出口差额	【1】【2】	实际进出口差额	【1】【2】
价格指数			
CPI200501	【2】	CPI 同比	【2】
CPI 食品	【2】	CPI 衣着	【2】
CPI 家庭	【2】	CPI 医保	【2】
CPI 交通通讯	【2】	CPI 娱乐	【2】
CPI 居住	【2】	PPI	【2】
PPI 轻工业	【2】	PPI 重工业	【2】
PPI 生产资料	【2】	PPI 生活资料	【2】
短期利率			
7 天同业拆借	【2】	60 天同业拆借	【2】
30 天同业拆借	【2】	90 天同业拆借	【2】

续表

变量名称	调整方式	变量名称	调整方式
汇率			
美元	【2】	日元	【2】
港币	【2】		
货币			
M0	【1】【2】	M1	【1】【2】
M2	【1】【2】		
金融市场			
上证综合指数收益率		深证综合指数收益率	
名义国债交易额	【1】【2】	实际国债交易额	【1】【2】
政府财政			
名义财政收入	【1】【3】	实际财政收入	【1】【3】
名义财政支出	【1】【3】	实际财政支出	【1】【3】
名义财政赤字	【1】【2】	实际财政赤字	【1】【2】
名义税收收入	【1】【3】	实际税收收入	【1】【3】
产出			
原盐	【1】【2】	成品糖	【1】【2】
乳制品	【1】【2】	纱	【1】【3】
生丝	【1】【2】	服装	【1】【2】
汽油	【1】【3】	煤油	【1】【3】
柴油	【1】【3】	焦炭	【1】【2】
化学纤维	【1】【2】	塑料制品	【1】【3】
水泥	【1】【2】	生铁	【1】【2】
汽车	【1】【2】	船舶	【1】【2】
计算机	【1】【2】	电视	【1】【2】
音响	【1】【3】	照相机	【1】【3】

续表

变量名称	调整方式	变量名称	调整方式
发电量	【1】【2】	饲料	【1】【2】
布	【1】【2】	润滑油	【1】【3】
硫酸	【1】【3】	橡胶	【1】【2】
钢材	【1】【2】	拖拉机	【1】【2】
轿车	【1】【2】	摩托车	【1】【3】
自行车	【1】【2】	电冰箱	【1】【2】
洗衣机	【1】【2】	空调	【1】【3】

注：【1】表示进行季节调整；【2】表示做一阶差分；【3】表示消除时间趋势。

2.4.2 分析步骤

把我们收集到的 92 组时间序列数据经过上述步骤调整之后，用本章第二节介绍的方法进行双变量稳定性检验。每一组时间序列数据都可以分别作为解释变量和被解释变量，那么我们一共要进行 92×91=8 372（次）检验。

在估计非参数时变系数模型时，我们采用 Epanechnikov 核函数。Epanechnikov 核函数在理论上是最优的（Fan 和 Gijbels，1996），所以最常用。该核函数定义如下：

$$K(u)=\frac{3}{4}(1-u)^2 I\left(|u|\leqslant 1\right) \tag{2-13}$$

式中：$I(\cdot)$ 代表一个示性函数，当括号里的条件为真时，其值为 1，否则为 0。

通过加权局部最小二乘法，我们可以得到参数的估计值，具体算法如下：

$$\left(\hat{\gamma}_0(s),\hat{\gamma}_1(s),\cdots,\hat{\gamma}_k(s)\right)=e\left(\tilde{X}'W\tilde{X}\right)^{-1}\tilde{X}'WY \tag{2-14}$$

式中：$e=(\underbrace{1,\cdots,1}_{1+p+q},\underbrace{0,\cdots,0}_{p+q})$；

$$\tilde{X}=\tilde{X}(t)=\begin{pmatrix}1 & Z_{1,1} & \cdots & Z_{1,k} & Z_{1,1}(t_1-s) & \cdots & Z_{1,k}(t_1-s)\\ \vdots & \vdots & \ddots & \vdots & \vdots & \ddots & \vdots\\ 1 & Z_{T,1} & \cdots & Z_{T,k} & Z_{T,1}(t_T-s) & \cdots & Z_{T,k}(t_T-s)\end{pmatrix};$$

$Y=(y_1,\cdots,y_T)'$；$W=W(s)=diag\{K_h(t_1-s),\cdots,K_h(t_T-s)\}$。

那么，通过上面的计算，我们可以得到 $\hat{Y}=\left(\hat{Y}_1,\cdots,\hat{Y}_T\right)'$，其中 $\hat{Y}_t=\sum_{j=1}^{k}\hat{\gamma}_{t,j}X_{t,j}$。$\hat{Y}=\left(\hat{Y}_1,\cdots,\hat{Y}_T\right)'$ 还可以记为：

$$\hat{Y}=H^*Y \tag{2-15}$$

式中：$H^*=(H_1,\cdots,H_T)'$，$H_t=A(t_i)'Z_t$，并且 $A(t_i)=(I_{1+p+q},0)\left(\tilde{X}(t_i)'W(t_i)\tilde{X}(t_i)\right)^{-1}\tilde{X}(t_i)'W(t_i)$，$Z_t=(1,Z_{t,1},\cdots,Z_{t,k})'$。这在文献中被称为线性平滑算子（linear smoothing operator，Hastie 和 Tibshirani（1990））。

在本书中我们使用偏误修正的 AIC 准则（bias-corrected AIC，记为 AIC_C）来选择窗宽 h（Cai 和 Tiwari，2000）：

$$h=\arg\min AIC_C(h)=\log\{RSS\}+\frac{T+tr(H^*)}{T-[tr(H^*)+2]} \tag{2-16}$$

式中：$RSS=\sum_{t=1}^{T}\left(Y_t-\hat{Y}_t\right)=\sum_{t=1}^{T}\left(Y_t-\sum_{j=0}^{k}\hat{\gamma}_{t,j}Z_{t,j}\right)^2$，这里的 H^* 与前述定义一致。

2.4.3 检验结果

双变量稳定性检验的结果列于表 2-2。所有数据分为 10 类，分别列出。表 2-2 中的变量表示我们所选取时间序列数据的名称，百分比下的数值分为两类，分别表示该变量作为公式（2-1）的解释变量或是作为公式（2-1）的被解释变量与其他 91 个变量所组成的双变量模型中，所得的 p 值小于等于 0.1 的比重。例如，在表 2-2 消费类下，名义零售总额后的第一个数 75.8%表示，在名义零售总额作为公式（2-1）的解释变量，与其余 91 个变量作为公式（2-1）的被解释变量所组成的 91 个模型中，p 值小于 0.1 的百分比。由表 2-2 可以看出，一个变量作为被解释变量还是解释变量是有差别的，其具有不对称性。而且对于某些变量而言，两者的差异还是很大的，比如产出中的船舶和电冰箱，以及投资中的实际合作和价格指数中的 CPI 食品。这意味着两个变量的关系是不对等的，具有不对称性。哪一个变量做解释变量，哪一个变量做被解释变量对模型的稳定性有着重要的影响。但是，总体而言，两者基本没有差别。

表 2-2 **变量名称与数据处理**

变量名称	百分比（%）	
	被解释变量	解释变量
	消费	
名义零售总额	75.8	81.3
实际零售总额	91.2	80.2
	投资	
名义 FDI	93.4	78.0
名义外资	89.0	80.2
实际 FDI	83.5	78.0
实际外资	85.7	83.5
名义合资	97.8	78.0
名义股份	80.2	86.8
实际合资	97.8	76.9
实际股份	75.8	84.6
名义合作	34.0	75.8
名义房产投资	52.7	81.3
实际合作	24.1	78.0
实际房产投资	80.2	80.2
	进出口	
名义进出口总额	84.6	62.6
名义出口额	86.8	72.5
实际进出口总额	86.8	65.9
实际出口额	80.2	69.2
名义进出口额	58.2	64.8

续表

变量名称	百分比（%）	
	被解释变量	解释变量
名义进出口差额	78.0	70.3
实际进出口额	62.6	62.6
实际进出口差额	68.1	68.1
价格指数		
CPI20050101	97.8	68.1
CPI娱乐教育	87.9	68.1
CPI同比	29.6	69.2
CPI居住	49.4	85.7
CPI食品	24.1	63.7
CPI衣着	93.4	70.3
CPI家庭	84.6	70.3
CPI医保	79.1	72.5
CPI交通通信	72.5	64.8
PPI	92.3	64.8
PPI轻工业	98.9	64.8
PPI重工业	58.2	68.1
PPI生产资料	74.7	71.4
PPI生活资料	98.9	63.7
短期利率		
7天同业拆借	100	78.0
30天同业拆借	37.3	69.2
60天同业拆借	96.7	71.4
90天同业拆借	100	70.3

续表

变量名称	百分比（%）	
	被解释变量	解释变量
	汇率	
美元	15.3	74.7
日元	13.1	74.7
港币	96.7	67.0
	货币供给	
M0	28.5	75.8
M1	95.6	81.3
M2	97.8	73.6
	金融市场	
上证综合指数收益率	91.2	79.1
深圳综合指数收益率	92.3	76.9
名义国债交易额	40.6	64.8
实际国债交易额	39.5	70.3
	政府财政	
名义财政收入	98.9	69.2
实际财政收入	91.2	69.2
名义财政赤字	95.6	81.3
实际财政赤字	96.7	79.1
名义财政支出	52.7	72.5
实际财政支出	24.1	81.3
名义税收收入	98.9	71.4
实际税收收入	62.6	70.3

续表

变量名称	百分比（%）	
	被解释变量	解释变量
	产出	
原盐	87.9	68.1
计算机	97.8	80.2
成品糖	94.5	94.5
电视	39.5	75.8
乳制品	86.8	72.5
音响	92.3	64.8
纱	85.7	64.8
照相机	84.6	62.6
生丝	37.3	76.9
发电量	54.9	76.9
服装	47.2	78.0
饲料	95.6	68.1
汽油	87.9	74.7
布	48.3	72.5
煤油	40.6	68.1
润滑油	54.9	73.6
柴油	52.7	80.2
硫酸	63.7	65.9
焦炭	97.8	70.3
橡胶	89.0	74.7
化学纤维	67.0	65.9
钢材	86.8	75.8

续表

变量名称	百分比（%）	
	被解释变量	解释变量
塑料制品	98.9	69.2
拖拉机	95.6	67.0
水泥	41.7	68.1
轿车	57.1	65.9
生铁	80.2	68.1
摩托车	79.1	78.0
汽车	82.4	70.3
自行车	80.2	72.5
船舶	14.2	54.9
电冰箱	10.9	72.5
洗衣机	84.6	71.4
空调	89.0	71.4

注：显著性水平为 10%。

表 2-3 分别列出了 10 类数据在不同置信水平下不稳定双变量关系的比重。为了便于比较，我们还列出了在不同置信水平下所有变量不稳定双变量关系的比重，以此作为标准。从表 2-3 中可以看出，在 10%的置信水平下，我们检验的 8 372 组双变量关系中有 72.6%是不稳定的，消费、财政和利率类数据的比重高于这个平均值，而汇率类数据的稳定性要好些，仅为 41.7%，远低于平均水平。在不同的置信水平下，同一类型的数据并不具有一致性。比如，消费类的数据在 1%的置信水平下高于平均水平，但在 5%和 10%的置信水平下远高于平均水平。进出口和价格指数的数据也存在类似情况。我们从检验结果中还发现，真实值和名义值对稳定性存在一定的影响，在使用实际值的情况下稳定性略高。但是从表 2-4 中可以看出，在 3 种置信水平下，两者的差别不大。

表 2-3　　10类数据的稳定性检验结果

变量类型	显著水平		
	1%	5%	10%
所有变量	34.6	59.5	72.6
消费	28.5	73.0	83.5
投资	39.9	64.5	74.5
进出口	32.6	59.4	75.6
价格指数	39.6	58.2	74.4
短期利率	50.3	74.4	82.9
汇率	11.3	35.5	41.7
货币供给	45.7	64.4	73.9
金融市场	19.7	54.9	65.9
政府财政	52.6	69.7	77.6
产出	28.3	55.5	70.8

表 2-4　　区别名义变量与实际变量的稳定性检验结果

变量类型	显著水平		
	1%	5%	10%
名义变量	43.6	65.2	76.0
实际变量	33.8	60.7	71.9

2.5 结论

检验结构变化是计量经济学中的一个很重要的问题。在本书中，我们首先用LASSO方法构造固定系数线性参数模型，再通过比较固定系数线性参数模型和与之相对应的非参数时变系数模型的残差平方和，以此为基础构造广义F统计量来检验稳定性，提出了一个非参数的稳定性检验方法。这种方法的优点在于：第一，在原假设下，统计量的渐进分布是标准正态分布；第二，不需要被择假设的任何先验信息；第三，不仅能够检验结构突变，而且能够检验连续性结构变化；第四，bootstrap 方法使稳定性检验具有良好的小样本性质；第五，LASSO 方法避免了传统模型选择方法可能带来的模型选择误差（data snooping problem），提高了稳定性检验的效率和可靠性。

运用本书提出的方法，我们对中国从 1997 年 1 月到 2010 年 12 月共 14 年 92 个主要月度的宏观数据，包括消费、价格、汇率、财政、金融和产出等变量，两两之间关系的稳定性进行了检验。在我们所检验的 8 372 组双变量关系中，在 10%的置信水平下，有高达 72.6%的比例存在不稳定性。产生这个结果的主要原因是，中国的经济正在从计划经济向市场经济过渡，处在一个经济的转型期。在此期间，消费者和生产者的行为方式发生了深刻的变化，宏观经济政策目标在不断调整，宏观经济调控手段在不断创新，国民经济统计方法和统计手段也在不断变化，再加上其他一些制度创新因素，宏观经济经历了巨大变化。因此，用线性时间序列模型来拟合中国数据在大多数情况下并不合适。如果忽略中国时间序列数据的这种结构不稳定性，而用线性模型来拟合数据，那么所获得的估计值没有意义，统计推断被严重扭曲，预测也失去了准确性，所得到的政策建议也是不合理的。所以，在研究中国问题时，各种非线性模型应该是更合适的选择。

3 非线性时间序列参数模型简介

3.1 引言

时间序列分析是对以时间排序的数据的研究，它是计量经济学的一个重要分支，在宏观经济学、国际经济学、金融学、金融工程学等领域中有广泛应用。2003 年美国经济学家罗伯特·恩格尔和英国经济学家克莱夫·格兰杰被授予诺贝尔经济学奖，以表彰他们分别用“随着时间变化的易变性”和“共同趋势”两种新方法分析经济时间数列，从而给经济学研究和经济发展带来了巨大贡献。但时间序列分析从其起源直至 20 世纪 70 年代末，一直被线性的假设所主导，几乎所有的时间序列模型都是线性的。尽管在许多实际应用中，线性模型一般来讲是基本可行的，但在 20 世纪 70 年代后期，人们愈来愈清楚地看到其存在诸多局限。

如果宏观经济数据或者金融时间数据时间跨度足够长，那么很多经济变量的数据特征会发生巨大变化。在不同时间段，经济变量的这种变化表现在均值、波动性或现值与前期值的相关程度等方面。对于已知的数据，我们可以根据显著变化的特征将时间序列数据划分成不同的阶段，然后对每一阶段分别建立模型，这样就可以对数据进行很好的拟合。但问题是，对于未来的数据，我们不知道会发生什么变化，以及在哪里发生变化。所以，上面那种分段建模的想法就很难实现。

当面对一些复杂的时间序列数据，线性模型显得力不从心时，非线性模型就越来越受到经济学家和统计学家的关注。自20世纪90年代末以来，非线性时间序列模型的发展有两个主要的研究方向，分别是混沌论模型（chaos model）和机制转换模型（regime switching model），而后者考虑了各种不同形式的机制转换行为。在文献中，有三个最常见的机制转换模型：马尔科夫机制转换模型（MSR）、门限自回归模型（TAR）和平滑转换自回归模型（STAR）。

马尔科夫机制转换模型、门限自回归模型和平滑转换自回归模型的共性在于，三者都考虑了各种不同形式的机制转换行为。三个模型最主要的区别在于，如何处理机制转换结构中的信息。典型的马尔科夫机制转换模型假定转换由外生的不可观测的马尔科夫链决定，但是马尔科夫机制转换模型无法解释机制变化发生的原因以及这些变化的时间。门限自回归模型允许机制变化是内生的，决定机制转化的变量是可观测的，但是引起机制转换的门限却是不可直接观测的，转换机制也是离散的。平滑转换自回归模型可以使在两个极端机制之间的变化成为平滑或逐渐的变化。虽然在平滑转换自回归模型中，状态转换更具渐进性，但调整过程依赖于系统的现在状态，而由Hamilton扩展的马尔科夫机制转换模型假定状态是外生的，与前两者相比，其最大的特点在于不同机制之间发生转化的随机过程是由不可观察的状态变量所控制的，且该状态变量遵循一个马尔科夫链运动。通过选择不同的平滑变量的值，门限自回归模型可被看作平滑转换自回归模型的一个特例。当STAR模型的转换方程被定义为转化变量本身时，并且假定这个转换变量是一个离散的指示变量，取值0和1，服从马尔科夫过程，那么马尔科夫转化模型也是平滑转换自回归模型的一个特例。

3.2 马尔科夫机制转换模型

马尔科夫机制转换模型最早由 Goldfeld 和 Quandt（1973）提出，但真正使马尔科夫机制转换模型流行起来，并被广泛应用到经济计量、风险管理、财务分析等众多经济领域的，是 Hamilton 在 1989 年发表的一篇论文，因此马尔科夫机制转换模型在经济学中又被称为 Hamilton 模型。在这篇论文中，Hamilton（1989）运用马尔科夫机制转换模型研究了美国 GDP 时间序列周期性现象，他认为经济的繁荣和萧条是交替出现的，即一个国家经济增长速度存在高速增长和缓慢增长两种机制，对时间序列的这种非线性趋势，模型参数应该随经济时间序列的状态而不断变化。在马尔科夫机制转换模型中，不同的机制代表不同的经济行为，当经济变量在不同机制转化时，这个模型就能够刻画这个复杂的动态特征。Hamilton（1989）在模型中引入一个不可观测的状态变量来控制机制之间的转化，并且状态变量服从一阶马尔科夫过程，也就是说状态变量的当期值仅取决于状态变量前一期的取值。这意味着经济变量处于某种机制是随机的，当状态变量发生变化时，经济变量就跳转到另一个机制。马尔科夫机制转换模型的这种机制转换方式与 Quandt（1972）的随机转换模型不同，后者完全是随机的，与时间无关。马尔科夫机制转换模型与一般的结构变化模型也不相同，前者的机制转换是可以随时间随机连续变化的，而后者的机制变化是外生突变的。因此，马尔科夫机制转换模型非常适合描述结构随时间变化的经济变量。

最初的马尔科夫机制转换模型主要考虑经济变量均值的变化过程。这类模型被广泛应用于分析宏观经济和金融时间序列数据，参见 Hamilton（1988，1989），Engel 和 Hamilton（1999），Lam（1990），Garcia 和 Perron（1996），Goodwin（1993），Diebold、Lee 和 Weinbach（1994）），Engel（1994），Filardo（1994），Ghysels（1994），Sola 和 Driffill（1994），Kim 和 Yoo（1995），Schaller 和 van Norden（1997），Kim 和 Nelson（1998）等。这些研究成果表明，基于条件均值的马尔科夫机制转换模型取得了巨大的成功。接下来，很自然的想法就是将这

种机制转换方式引入条件方差模型。Cai（1994），Hamilton 和 Susmel（1994），Gray（1996）拓展了由 Engle（1982）和 Bollerslev（1986）提出的 ARCH 模型和 GARCH 模型。随后，Lam 和 Li（1998）将马尔科夫转换机制引入由 Melino 和 Turnbull（1990），Harvey、Ruiz 和 Shepard（1994），Jacquier、Polson 和 Rossi（1994）提出和发展的随机波动模型（stochastic volatility model）。

3.2.1 基本模型

大量的实证研究表明，宏观经济和金融变量随时间变化可能表现出不同的行为模式。一个很自然的想法就是用多个模型而不是只用一个模型来描述这种数据特征。马尔科夫机制转换模型的基本思想就是通过马尔科夫转换机制将两个或两个以上模型结合起来。在这一节，我们将用一个简单的例子来说明马尔科夫机制转换模型的基本思想。

参照 Hamilton（1989）的文献，我们将产出表示成一个离散的马尔科夫链和一个 Gaussian 自回归过程，即：

$$Y_t = Z_t + X_t \tag{3-1}$$

式中：$Z_t = \alpha_0 + \alpha_1 S_t$，$S_t$ 的取值为 0 或 1；$X_t = \phi_1 X_{t-1} + \phi_2 X_{t-2} + \phi_3 X_{t-3} + \phi_4 X_{t-4} + \sigma V_t$；$P[S_t = 1|S_{t-1} = 1] = p$，$P[S_t = 0|S_{t-1} = 0] = q$，$V_t \sim N(0,1)$。

这个模型最主要的问题是如何估计，因为 Z_t 与 X_t 都是不可观测的，无法将它们分离。这个模型还可以表示成另一种简洁的形式：

$$Y_t = Z_t + \phi(L)Y_{t-1} + \sigma V_t \tag{3-2}$$

在上述公式中，只有 S_t 是不可观测的。将公式（3-2）两边同时乘以 $(1-\phi(L))$，可以得到类似的模型：

$$Y_t = (1-\phi(L))Z_t + \phi(L)Y_{t-1} + \sigma V_t \tag{3-3}$$

用滞后算子将 $(1-\phi(L))Z_t$ 展开，发现两种状态的马尔科夫过程可以表示成 32 种状态的参数过程。

我们还可以对上面的模型进行拓展，让所有参数都随马尔科夫链变化，即：

$$Y_t = \alpha^{s(t)} + \phi^{s(t)}(L)Y_{t-1} + \sigma^{s(t)}V_t \tag{3-4}$$

3.2.2 模型的估计

目前文献中主要有三种方法用于马尔科夫机制转换模型的参数估计。第一种是 Hamilton（1989）的极大似然估计法，在 Hamilton 的原始文献中，他用非线性滤波来构造模型的极大似然函数，并直接对这个似然函数最大化．第二种是 Hamilton（1990）构造的 EM 算法。这种方法非常适合所有参数都是时变的情形。第三种方法是 Albert 和 Chib（1993）的 Gibbs 抽样算法，这种方法是由 Bayesian 方法发展而来。下面，我们通过一个简单的模型来介绍这三种估计方法。

$$Y_t = \alpha_0(1 - S_t) + \alpha_1 S_t + V_t \tag{3-5}$$

为了简单起见，这里假定 $S_0 = 1$，并且假定进入下一期的概率为 $P[S_1 = 1 | S_0 = 1] = p$。这样，样本 Y_1 要么来自均值为 α_0、方差为 1 的正态分布，要么来自均值为 α_1、方差为 1 的正态分布，其似然函数为：

$$f(y_1;\ \alpha_0, \alpha_1 p, q, s_0 = 1) = \frac{p\exp(-0.5(y_1 - \alpha_1)^2) + (1-p)\exp(-0.5(y_1 - \alpha_0)^2)}{\sqrt{2\pi}} \tag{3-6}$$

这里，我们首先假定这两个均值参数是已知的，那么给定样本 Y_1 的观测值，通过 Bayes 法则就可以得到样本 S_1 的后验概率，记为样本 b_1：

$$\begin{aligned} b_1 &= P[S_1 | Y_1, S_0 = 1, \alpha_0, \alpha_1, p, q] \\ &= \frac{\exp(-0.5(y_1 - \alpha_1)^2)p}{\exp(-0.5(y_1 - \alpha_1)^2) + \exp(-0.5(y_1 - \alpha_0)^2)(1-p)} \end{aligned} \tag{3-7}$$

现在 b_1 可以被用来估计下一期状态的概率预测值，记为 $\hat{b}_2$：

$$\hat{b}_2 = P[S_2 | Y_1, S_0 = 1, \alpha_0, \alpha_1, p, q] = pb_1 + (1-q)(1-b_1) \tag{3-8}$$

有了这个估计值，我们就可以构造下一期似然函数：

$$f(y_2 | y_1; \alpha_0, \alpha_1 p, q, s_0 = 1) = \frac{\hat{b}_2\exp(-0.5(y_2 - \alpha_1)^2) + (1-\hat{b}_2)\exp(-0.5(y_2 - \alpha_0)^2)}{\sqrt{2\pi}} \tag{3-9}$$

重复这个过程直到最后一期 T，我们就可以得到整体的似然函数：

$$f(y_1, \cdots, y_T; \alpha_0, \alpha_1, p, q, s_0 = 1) = \prod_{t=1}^{T}\frac{\hat{b}_t\exp(-0.5(y_t - \alpha_1)^2) + (1-\hat{b}_{2t})\exp(-0.5(y_t - \alpha_0)^2)}{\sqrt{2\pi}} \tag{3-10}$$

运用最优化技术，我们可以得到这个似然函数取最大值时的 α_0、

α_1 、 p 、 q 。这里要说明的是，初始状态 $s_0=1$ 的概率也可以作为一个参数去估计。

对 EM 算法、Bayesian 分析和不可观测的马尔科夫过程进行统计推断，我们需要对马尔科夫状态的估计值 b_t 进行“平滑”，以使 b_t 能包含这个样本的信息。只有最后一期的概率 b_T 包含了整个时间序列数据的所有信息。根据马尔科夫过程的性质，在知道明天 $t+1$ 期的状态 s_{t+1} 的条件下，所有未来时间序列的观测值 $\{Y_s:s>t\}$ 与今天的状态 s_t 无关。给定 T 期所有的观测值，根据这条性质，我们可以得到：

$$\begin{aligned} P[S_{T-1}=1,S_T=1|Y^T] &= P[S_{T-1}=1|S_T=1,Y^T]P[S_T=1|Y^T] \\ &= P[S_{T-1}=1|S_T=1,Y^T]b_T \\ &= p\frac{b_{T-1}}{\hat{b}_T}b_T \end{aligned} \tag{3-11}$$

因为：

$$\begin{aligned} P[S_{T-1}=1|S_T=1,Y^T] &= \frac{P[S_{T-1}=1,S_T=1|Y^T]}{P[S_T=1|Y^T]} \\ &= \frac{P[S_{T-1}|Y^{T-1}]P[S_T=1|S_{T-1}=1]}{\hat{b}_T} \\ &= \frac{b_{T-1}p}{\hat{b}_T} \end{aligned} \tag{3-12}$$

对 $S_T=0$ 的情形做类似的运算，我们就可以得到第 $T-1$ 期的平滑概率，记为 $\tilde{b}_{T-1}$ ：

$$\tilde{b}_{T-1}=b_{T-1}[p\frac{\tilde{b}_T}{\hat{b}_T}+(1-q)\frac{1-\tilde{b}_T}{1-\hat{b}_T}] \tag{3-13}$$

反复进行上面的运算就可以得到所有的平滑概率。在 EM 算法中，平滑后的概率被用来估计未知参数，如下所示：

$$\hat{\alpha}_0^i=\sum_{t=1}^{T}y_t(1-\tilde{b}_{t+1}) \tag{3-14}$$

$$\hat{\alpha}_1^i=\sum_{t=1}^{T}y_t\tilde{b}_{t+1} \tag{3-15}$$

并且通过运用公式（3-11）可得：

$$\hat{p}^i = \frac{\sum_{t=1}^{T} P[S_{t-1}=1, S_t=1|Y^T]}{\sum_{t=1}^{T} P[S_{t-1}=1|Y^T]} = \hat{p}^{i-1}\frac{b_{t-1}}{\hat{b}_t} \cdot \frac{\tilde{b}_t}{\tilde{b}_{t-1}} \tag{3-16}$$

$$\hat{q}^i = \frac{\sum_{t=1}^{T} P[S_{t-1}=0, S_t=0|Y^T]}{\sum_{t=1}^{T} P[S_{t-1}=0|Y^T]} = \hat{q}^{i-1}\frac{(1-b_{t-1})}{(1-\hat{b}_t)} \cdot \frac{(1-\tilde{b}_t)}{(1-\tilde{b}_{t-1})} \tag{3-17}$$

从上述表达式可以看出，截距项的估计值是样本观测值的加权平均值，权重为每一期样本观测值处于机制 0 或 1 的或然率，而转换概率的估计值为马尔科夫过程在每种状态停留时间的粗略估计。

这些更新过的参数被带到滤波中重新计算，平滑样本观测值。这一过程又产生了新的参数估计值，重复这一过程知道参数估计值收敛到一个点。这个点为似然函数的局部极大值。通过带入不同的参数初始值，得到多个局部极大值，从中选择最大的作为全局最优值。而且一个局部最大值必然是在没有状态转换情况下时间序列均值的最小二乘估计值，所以很容易做初步的判定。考虑这样一个情形，所有的平滑概率取值为 0 或 1，并且存在状态转换，平滑过程将会正确地识别马尔科夫链的演进过程，数据也会被适当分类。

与 EM 算法不同，Bayesian 方法是试图用滤波器来模拟马尔科夫过程。从 b_T 开始，首先运用标准的逆向技术得到一个 s_T 值，即产生一个均匀分布的随机数。如果这个数小于等于 b_T，则 $s_T=1$；如果这个数大于 b_T，则 $s_T=0$。根据以上方法，如果抽取的 S_T 值为 1（或者抽取的 S_T 值为 0），通过公式（3-11）就可以得到 S_{T-1} 的值。重复进行这个计算过程就可以得到整个马尔科夫过程的一组实现值，$\{s_t^i\}_{t=1}^{T}$。利用这组马尔科夫实现值，就可以将样本观测值直接分到两种机制中去，即

$$\hat{\alpha}_0^i = \frac{1}{T_0^i}\sum_{t=1}^{T} y_t(1-s_t^i) \tag{3-18}$$

$$\hat{\alpha}_1^i = \frac{1}{T_1^i}\sum_{t=1}^{T} y_t s_t^i \tag{3-19}$$

式中：$T_0^i = \sum_{t=1}^{T}(1-s_t^i)$；$T_1^i = \sum_{t=1}^{T} s_t^i$。

在这种情形下，相互独立的先验概率被用于计算 α_0 和 α_1，它们的

后验概率为正态分布，均值分别为 $\hat{\alpha}_0^i$ 和 $\hat{\alpha}_1^i$。而这些后验概率可以再用来抽取 α_0 和 α_1 的实现值。

这里我们假设先验概率为相互独立的 Beta 分布，这样容易计算转移参数的后验概率，即假定：

$$f(p) \propto p^{\delta_1 - 1}(1 - p)^{\delta_2 - 1} \tag{3-20}$$

$$f(q) \propto q^{\eta_1 - 1}(1 - q)^{\eta_2 - 1} \tag{3-21}$$

式中：δ_1、δ_2、η_1 和 η_2 都为正，并且当 $\delta_1 = \delta_2 = \eta_1 = \eta_2 = 1$ 时，先验分布实际上就是标准的均匀分布。

当先验分布为 Beta 分布时，后验分布同样为 Beta 分布，其参数为：

$$\delta_1^i = \delta_1 + \hat{p}^i \sum_{t=1}^{T} P[S_{t-1} = 1 | Y^T] \tag{3-22}$$

$$\delta_2^i = \delta_2 + (1 - \hat{p}^i) \sum_{t=1}^{T} P[S_{t-1} = 1 | Y^T] \tag{3-23}$$

$$\eta_1^i = \eta_1 + \hat{q}^i \sum_{t=2}^{T} P[S_{t-1} = 0 | Y^T] \tag{3-24}$$

$$\eta_2^i = \eta_2 + (1 - \hat{q}^i) \sum_{t=2}^{T} P[S_{t-1} = 0 | Y^T] \tag{3-25}$$

式中：$\hat{p}^i$、$\hat{q}^i$ 的定义与前面介绍的 EM 算法类似。

同样，我们很容易从这些后验分布中得到 p^i、q^i 的实现值。有了截距项和转移概率的估计值，我们运用滤波器和平滑技术可以得到一组新的马尔科夫过程的抽样。

以上就是马尔科夫机制转换模型 Gibbs 抽样参数估计的基本思路。在这里，一个重要的问题就是如何选择初始值。一个不错的想法是选择极大似然估计作为初值。要注意的是，与 EM 算法不同，在 Gibbs 抽样过程中，所有估计值都来自马尔科夫机制转换模型的后验分布。除了抽取的参数值外，还包括样本平滑的抽样值。后验分布的特点在于取平均值的方式。比如，马尔科夫过程路径的估计值为整个样本平滑的平均值，即：

$$P[S_t = 1 | Y^T] = \frac{1}{I} \sum_{i=1}^{I} b_t^i \tag{3-26}$$

3.3 门限自回归模型

门限自回归模型理论方法由 Tong（1983）提出，Tong（1990）在其专著中对该方法作了较为详细的概述。其基本思想是把时间序列分割成几个机制，每个机制上都采用不同的线性自回归模型进行逼近，其中机制分割是由所谓的门限值（threshold value）来划分的。其主要应用有 Beaudry 和 Koop（1993），Potter（1995），Potter 和 Pesaran（1997）。

3.3.1 基本模型

门限自回归模型的一般形式如下所示：

$$Y_t = \alpha^{j(t)} + \phi^{j(t)} Y_{t-1} + \sigma^{j(t)} V_t \tag{3-27}$$

式中：当 $Y_{t-d} < r_1$ 时，$j(t)=1$；当 $r_1 < Y_{t-d} < r_{J-1}$ 时，$j(t)=2$，…；当 $Y_{t-d} \geqslant r_{J-1}$ 时，$j(t)=J$。自回归的长度还可以变化。参数 r_j 被称为门限值，d 被称为滞后阶数。

虽然这个模型和前面介绍的马尔科夫机制转换模型在形式上非常相似，但是它们之间有着本质的区别。在门限自回归模型中，机制之间的转换由时间序列的滞后项决定；而马尔科夫机制转换模型的机制转换是由马尔科夫链的内生状态变量控制的。

3.3.2 模型的估计

假定参数 $\{r_j\}$、d 都是已知的，可先将数据分成机制，对每种机制分别用最小二乘法即可。遗憾的是，这些参数是未知的，而且标准的非线性最小二乘法也不能用来估计这个模型，因为最终的目标函数在这些参数点不是连续的，不可导。对于滞后变量和自回归的滞后阶数，我们可以用网格法，对每种情形分别计算其最小二乘估计，再从中选择一个最优的。对门限参数也可以用类似的方法得到。

下面，我们用一个简单的模型来演示如何估计门限自回归模型，这个模型在形式上与上一节的马尔科夫机制转换模型非常相似：

$$Y_t = \alpha_0 1(Y_{t-1} < r) + \alpha_1 1(Y_{t-1} \geqslant \mathrm{r}) + V_t \qquad (3-28)$$

式中：$1(A)$为指示函数，即当A成立时，$1(A)$取值为1；否则$1(A)$取值为0。

估计的第一步就是用样本观测值构造如下所示的矩阵：

$$\begin{bmatrix} Y_1 & Y_0 \\ Y_2 & Y_1 \\ \vdots & \vdots \\ Y_T & Y_{T-1} \end{bmatrix}$$

第二步就是按照这个矩阵的第二列数据从小到大的顺序重构：

$$\begin{bmatrix} Y_t^{\{1\}} & Y_{t-1}^{\{1\}} \\ Y_t^{\{2\}} & Y_{t-2}^{\{2\}} \\ \vdots & \vdots \\ Y_t^{\{T\}} & Y_{t-1}^{\{T\}} \end{bmatrix}$$

接下来，如果$r < Y_{t-1}^{\{1\}}$，那么所有的数据都在机制1中，$\hat{\alpha}_1$的估计值为样本均值，而α_0无法识别；如果$\mathrm{r} \geqslant Y_{t-1}^{\{1\}}$，那么所有的数据都在机制0中，$\hat{\alpha}_0$的估计值为样本均值，而$\alpha_1$无法识别；如果$Y_{t-1}^{\{1\}} \leqslant \mathrm{r} < Y_{t-1}^{\{2\}}$，则：

$$\hat{\alpha}_0^{\{1\}} = Y_t^{\{1\}}$$

$$\hat{\alpha}_1^{\{1\}} = \frac{1}{T-1}\sum_{s=2}^{T} Y_t^{\{s\}}$$

并且，我们可以递归得到：

$$\hat{\alpha}_0^{\{i+1\}} = \frac{T_0^{\{i\}}}{T_0^{\{i+1\}}}\hat{\alpha}_0^{\{i\}} + \frac{1}{T_0^{\{i+1\}}}Y_t^{\{i+1\}}$$

$$\hat{\alpha}_1^{\{i+1\}} = \frac{T_1^{\{i\}}}{T_1^{\{i+1\}}}\hat{\alpha}_1^{\{i\}} - \frac{1}{T_1^{\{i+1\}}}Y_t^{\{i+1\}}$$

式中：$T_0^{\{i+1\}} = i+1$，$T_1^{\{i+1\}} = T-i-1$。

这些估计值可以计算出不同门限值所对应的残差的平方和：

$$SSE_0^{\{i\}} = \sum_{s=1}^{T_0^{\{i\}}}(Y_t^{\{s\}} - \hat{\alpha}_0^{\{i\}})^2$$

$$SSE_1^{\{i\}} = \sum_{s=T_0^{\{i\}}+1}^{T}(Y_t^{\{s\}} - \hat{\alpha}_1^{\{i\}})^2$$

显然，门限参数r的估计值属于使上述残差的平方和取最小值所对应的区间，任何属于这个区间的估计值都是有效的。而且在残差为

Gaussian 分布的假设下，门限的估计值实际上也是极大似然估计。Chan（1993）证明，门限估计值的收敛速度非常快，在对其他参数估计值做渐近统计推断时，完全可以忽略其样本波动性所带来的影响。

在随机扰动项服从 Gaussian 分布的假设下，用 Bayesian 方法估计的机制的系数与上面估计结果相同。沿用上一节的例子并假定截距项的先验概率是相互独立的 Jeffreys 先验分布，在已知门限值的条件下，截距项服从正态分布，其均值分别为 $\hat{\alpha}_0^{\{i\}}$ 和 $\hat{\alpha}_1^{\{i\}}$，方差分别为 $1/T_0^{\{i\}}$ 和 $1/T_1^{\{i\}}$。为了求得门限值边际后验分布，我们还要假定门限值的先验分布也为 Jeffreys 先验分布。而联合后验分布等比于似然函数：

$$p(\alpha_0,\alpha_1,r|Y^T) \propto \frac{1}{\sqrt{2\pi}^{T_0^{\{i\}}}}\exp(-0.5\sum_{s=1}^{T_0^{\{i\}}}(Y_t^{\{s\}}-\alpha_0)^2)$$

$$\times\frac{1}{\sqrt{2\pi}^{T_1^{\{i\}}}}\exp(-0.5\sum_{s=T_0^{\{i\}}+1}^{T}(Y_t^{\{s\}}-\alpha_1)^2)$$

在每一个平方项加上截距项的最小二乘估计，再利用最小二乘估计的正交性整理可得：

$$p(\alpha_0,\alpha_1,r|Y^T) \propto \exp\left(-0.5\left[\sum_{s=1}^{T_0^{\{i\}}}(Y_t^{\{s\}}-\hat{\alpha}_0^{\{i\}})^2+\sum_{s=T_0^{\{i\}}+1}^{T}(Y_t^{\{s\}}-\hat{\alpha}_1^{\{i\}})^2\right]\right)$$

$$\times\exp\left(-0.5\left[T_0^{\{i\}}(\hat{\alpha}_0^{\{i\}}-\alpha_0)^2+T_1^{\{i\}}(\hat{\alpha}_1^{\{i\}}-\alpha_1)^2\right]\right)$$

对 α_0、α_1 积分，可得：

$$p(r|Y^T) \propto \frac{1}{\sqrt{T_0^{\{i\}}T_1^{\{i\}}}}\exp(-0.5[SSE_0^i+SSE_1^i](Y_{t-1}^{\{i\}}-Y_{t-1}^{\{i-1\}}))$$

式中：$i=2,\cdots,T$，而区间意味着在相邻的两个数据点之间，即 $(Y_{t-1}^{\{i\}}-Y_{t-1}^{\{i-1\}})$，没有包含门限值的任何信息。

3.4 平滑转换自回归模型

平滑转换自回归模型（smooth transition autoregressive model，STAR）是目前广为流行的机制转换模型的一种，机制转换模型在描述时间序列的非线性动态过程上有着较强的可操作性和广泛的实用性，因此受到了国内外相关学者的青睐。

平滑转换自回归模型与前面介绍的马尔科夫机制转换模型和门限自回归模型最主要的区别在于如何处理机制转换结构中的信息。典型的马尔科夫机制转换模型假定转换由外生的不可观测的马尔科夫链决定；门限自回归模型的机制变化则是由可观测的内生变量决定，且转换机制是离散的；平滑转换自回归模型与这两个模型的不同之处在于其认为制度之间的转换是连续的，而非离散的。平滑转换自回归模型可以使在两个极端机制之间的变化成为平滑或逐渐的变化，在经济研究中可以更为现实地解释连续变化的经济现象和突发性经济政策，从而被广泛地应用于预测工业产出、实际汇率、失业率等主要宏观时间序列。

3.4.1 基本模型

经典的平滑转换自回归模型由两个自回归模型，也被称为两种不同的机制，和一个起连接作用的转换函数 $G(s_t;\gamma,c)$ 构成。其中，转换函数的取值范围在 $[0,1]$ 之间，在两种机制之间起平滑转换的作用。对于单变量的时间数据序列来说，平滑转换自回归模型可以表示为：

$$
\begin{aligned}
y_t = & (\phi_{1,0}+\phi_{1,1}y_{t-1}+\cdots+\phi_{1,p}y_{t-p})(1-G(s_t;\gamma,c)) \\
& +(\phi_{2,0}+\phi_{2,1}y_{t-1}+\cdots+\phi_{2,p}y_{t-p})G(s_t;\gamma,c)+\varepsilon_t, t=1,\cdots,T
\end{aligned} \tag{3-29}
$$

或者写成：

$$
y_t=\phi'_1 x_t(1-G(s_t;\gamma,c))+\phi'_2 x_t G(s_t;\gamma,c)+\varepsilon_t, t=1,\cdots,T \tag{3-30}
$$

式中：自变量 $x_t=(1,y_{t-1},\cdots,y_{t-p})'$ 由 y_t 的滞后变量组成；$\phi_i=(\phi_{i,0},\phi_{i,1},\cdots,\phi_{i,p})'$ 为自变量的系数；$i=1,2$；ε_t 为独立同分布的随机扰动项。

$G(s_t;\gamma,c)$ 为取值范围在 0 和 1 之间的转换方程。其中 c 为门限变量，γ（$\gamma>0$）为平滑系数，它决定了数据生成过程在两个机制之间转换速度的大小和过渡的平滑性。s_t 为转换变量，可以为内生变量滞后项 $(s_t=y_{t-d})$、外生变量，或者滞后内生变量与外生变量的函数，其中 s_t 为内生变量滞后项的情况最为常见。

时间序列变量处于哪个区制由转换变量 s_t 和转换方程 $G(s_t;\gamma,c)$ 共同决定，不同的转换方程代表不同的区制转移行为。在文献中，常见的转换方程有两种。一种是对数函数形式转换函数，它所对应的模型是对数平滑转换自回归模型（LSTAR）。根据门限变量的个数，LSTAR 可以进一步分类为一阶 LSTAR 模型、二阶 LSTAR 模型和 n 阶 LSTAR 模型。一阶对数转换函数的具体形式如公式（3-31）所示，对应的 STAR 模型简写为 LSTAR1。

$$G(s_t;\gamma,c)=(1+\exp\{-\gamma(s_t-c)\})^{-1} \tag{3-31}$$

参数 c 为两个机制之间的门限值，随着 s_t 的增加，对数函数值从 0 单调增加到 1，并且 $G(c;\gamma,c)=0.5$ 。平滑参数 γ 决定了对数函数变换的平滑程度，也就是从一个机制变化到另一个机制的平滑程度。当 γ 的值非常大时，转换方程 $G(s_t;\gamma,c)$ 从 0 到 1 之间的变换几乎是瞬间完成的。当 $\gamma\to 0$ 时，对数函数等于常数 0.5，此时的 LSTAR 模型也就简化为一个线性模型了。二阶对数转换函数的函数形式如公式（3-32）所示，对应的 STAR 模型简写为 LSTAR2。

$$G(s_t;\gamma,c)=(1+\exp\{-\gamma(s_t-c_1)(s_t-c_2)\})^{-1} \tag{3-32}$$

其中，门限变量 $c=(c_1,c_2)'$ 。当 $\gamma\to 0$ 时，LSTAR 模型变成线性模型。当 $\gamma\to\infty$ 并且 $c_1\neq c_2$ 时，在 $s_t<c_1$ 或者 $s_t>c_2$ 的情况下，转换方程 $G(s_t;\gamma,c)$ 等于 1；在 $c_1\leqslant s_t\leqslant c_2$ 的情况下，转换方程等于 0。而当 γ 的取值介于 0 和 ∞ 之间时，转换函数的取值则介于 0 和 1/2 之间，可以达到的最小值为 $(c_1+c_2)/2$ 。

以上提出的一阶对数转换函数和二阶对数转换函数都是 N 阶对数转换函数的特例，N 阶对数转换函数的表达式为：

$$G(s_t;\gamma,c)=\left(1+\exp\left\{-\gamma\prod_{i=1}^{N}(s_t-c_i)\right\}\right)^{-1} \tag{3-33}$$

N 阶对数转换函数可以使两个区制之间有多个转移门限，可以更加灵活地描述经济数据的区制转移特性。

另一种常见的转换函数是指数函数形式的转换函数，它所对应的模型是指数平滑转换自回归模型（ESTAR），其函数形式为：

$$G(s_t;\gamma,c)=1-\exp\{-\gamma(s_t-c)^2\} \tag{3-34}$$

当 $s_t\to\infty$ 或者 $s_t\to-\infty$ 时，$G(s_t;\gamma,c)\to1$；当 $s_t=c$ 时，$G(s_t;\gamma,c)=0$；当 $\gamma\to0$ 时，$G(s_t;\gamma,c)\to0$；当 $\gamma\to\infty$ 时，$G(s_t;\gamma,c)\to1$。指数函数是以 $s_t=c$ 为对称中心的对称函数。

3.4.2 模型估计

STAR 模型的建模策略是由 Terasvirta（1994）首先提出的，在 Eitrheim 和 Terasvirta（1996）的文献中最终得以完善。这一方法参照了 Granger（1993）提出的建立非线性时间序列模型步骤，即以一个简单的模型作为基础，通过一系列检验来分析这一模型，当诊断测试拒绝这一模型时，我们再选择更加复杂的模型，这也被称为“从特殊到一般的方法”。根据 Eitrheim 和 Terasvirta（1996）的建议，STAR 模型的建模共分为五个步骤，下面我们具体介绍 STAR 模型的建模步骤：

第一步：选择自回归模型的滞后阶数 p。

对所研究的时间序列数据建立一个自回归（autoregression，AR）模型，就是为 AR 模型选择滞后阶数 p。在文献中，我们可以通过 AIC 准则、BIC 准则和 Ljung-Box 统计量等方法来选择。因为第二步的非线性检验对线性的残差自相关很敏感，滞后阶数的选择必须保证残差序列服从白噪声分布。更重要的是，如果非线性假设被拒绝，AR 模型的滞后阶数可被用作 STAR 模型的滞后阶数，虽然这个滞后阶数不一定是 STAR 模型的滞后阶数，但是它提供了一个合理的初始猜测。

第二步：模型设定。

在建立 AR 模型之后，就要检验 AR 模型能否很好地拟合时间序列数据，也就是该时间序列数据是否存在非线性特征，即检验零假设（线性过程）和备择假设（STAR 形式的非线性过程）。检验的困难之处在于我们不能直接对 AR 模型进行线性与非线性检验，这是因为非线性模型的参数并不存在于线性模型中，这就是时间序列中的戴维问题（Davies' problem）。为了解决这个问题，Luukkonen、Saikkonen 和 Terasvirta（1988a）对转换方程进行泰勒展开，进而应用 LM 统计量或者 F 统计量来检验非线性特征。对转换方程在点 $\gamma=0$ 处做泰勒展开，我们得到辅助方程形式如下：

$$y_t=\beta_0x'_t+\beta_1x'_ty_{t-d}+\beta_2x'_ty_{t-d}^2+\beta_3x'_ty_{t-d}^3+e_t \tag{3-35}$$

式中：自变量 x_t 由 y_t 的滞后变量组成； $x_t=(1,y_{t-1},\cdots,y_{t-p})'$ ； y_{t-p} 是转换变量； e_t 是误差项；方程参数 β_i ， $i=0,1,2,3$ 是原方程参数 ϕ_1 、 ϕ_2 、 γ 、 c 的函数。

通过观察公式（3-35）可以发现，如果时间序列数据符合线性模型，那么就有 $\beta_1=\beta_2=\beta_3=0$ ；反之，则时间序列数据具有非线性特征，在 β_1 、 β_2 、 β_3 中至少有一个不为 0。根据 Terasvirta（1994）的建议，非线性检验的原假设为 $H_0:\beta_1=\beta_2=\beta_3=0$ ，对其进行 LM 检验。对所有可能的滞后变量构造 LM 统计量，求出对应的 p 值，选择最小的 p 值所对应的 y_{t-d} 作为转换变量 s_t 。

通过非线性检验，我们可以确定是否建立 STAR 模型和选定转换变量，接下来的任务就要确定 STAR 模型的具体形式。可行的选择是确定公式（3-33）选择 N=1 或者 N=2。当 N=1 时，对应的模型是 LSTAR1 模型，其转换方程的特征是系数随着转换变量单调变化。当 N=2 时，对应的模型为 LSTAR2，模型的系数以 $(c_1+c_2)/2$ 为中心对称变换。还有一种可能是 ESTAR 模型，它的转换方程以 c 为对称中心。那么 c_1 的估计值将会等于 c_2 的估计值。

根据 Lutkepohl 和 Kratzig（2004），模型之间的选择可以基于辅助公式（3-35）。当 $c=0$ 时，若 $\beta_2=0$ ，则模型应该选择 LSTAR1；若 $\beta_1=\beta_3=0$ ，则模型应该选择 LSTAR2 或者 ESTAR。即使当 $c\neq0$ 时，如果模型是 LSTAR1， β_2 比 β_1 或 β_3 更接近 0；而对于 LSTAR2， β_1 或 β_3 比 β_2 更接近 0。根据以上理论，可以由一系列嵌入测试进行模型选择：

$$\begin{aligned}&H_{01}:\beta_3=0\\&H_{02}:\beta_2=0|\beta_3=0\\&H_{03}:\beta_1=0|\beta_3=\beta_2=0\end{aligned} \tag{3-36}$$

同上一步的线性检验一样，嵌入假设检验同样基于辅助公式（3-35），并且也通过 LM 检验进行检验。在 H_{02} 被拒绝并且 p 值最小的情况下，应选择 LSTAR2 或者 ESTAR 模型；反之，则选择 LSTAR1

模型。根据门限值 c_1 和 c_2 的估计值，我们可以进一步判断是选择 ESTAR 模型还是 LSTAR2 模型。具体来说，先假定模型为 LSTAR2，当 c_1 的估计值等于 c_2 的估计值时，说明正确的模型应为 ESTAR 模型；反之，则选择 LSTAR2 模型。三个原假设 H_{01} 、H_{02} 、H_{03} 都有可能在较低的置信水平下被拒绝，所以选择 p 值最小的情形。当备择假设的 p 值差别不大时，分别对这些模型进行估计，在模型评估阶段判断使用哪个模型。

第三步：模型估计。

在确定了 STAR 模型的具体形式之后，需要对模型的参数进行估计。我们用非线性最小二乘法进行估计，即参数 $\theta=(\phi'_1,\phi'_2,\gamma,c)'$ 可以通过以下公式进行估计：

$$\hat{\theta}=\arg\min_{\theta}Q_T(\theta)=\arg\min_{\theta}\sum_{t=1}^{T}(y_t-F(x_t;\theta))^2 \tag{3-37}$$

式中：$F(x_t;\theta)$ 如公式（3-29）所示。

首先假定参数 γ 和 c 已知，STAR 模型可看作自回归系数为 ϕ_1 和 ϕ_2 的线性模型，通过最小二乘法可以得到 ϕ_1 和 ϕ_2 的表达式：

$$\hat{\phi}(\gamma,c)=\left(\sum_{t=1}^{T}x_t(\gamma,c)x_t(\gamma,c)'\right)^{-1}\left(\sum_{t=1}^{T}x_t(\gamma,c)y_t\right) \tag{3-38}$$

式中：$x_t(\gamma,c)=(x'_t(1-G(s_t;\gamma,c)),x'_tG(s_t;\gamma,c))'$ 。

接下来，对转换方程做一些简单的处理：

$$G(s_t;\gamma,c)=\left(1+\exp\left\{-\gamma/\hat{\sigma}^n_{s_t}\prod_{i=1}^{n}(s_t-c_i)\right\}\right)^{-1} \tag{3-39}$$

式中：$\hat{\sigma}_{s_t}$ 是转换变量 s_t 的样本标准差。

经过上面的处理，我们就可以把 ϕ 表示成 γ 和 c 的函数。因此，方程 $Q_T(\theta)$ 就可以简化为：

$$Q_T(\gamma,c)=\sum_{t=1}^{T}(y_t-\phi(\gamma,c)'x_t(\gamma,c))^2 \tag{3-40}$$

然后，我们只需要找出使目标函数 $Q_T(\gamma,c)$ 最小化的参数 γ 和 c 的值即可。估计参数 γ 和 c 的优化技术有很多，我们介绍最常用的一种。首先要选取这两个参数进行初始值，我们对 γ 和 c 进行二维度的网格搜

索。以上述方法选出的初始值为起点，进一步搜索使目标函数最小的 γ 和 c 的值，

最后，将求得的 γ 和 c 代入公式（3-38）求出对应的 θ_1 和 θ_2 的估计值。这里需要特别提出的是，根据 van Dijk、Terasvirta 和 Franses（2002）的研究，当参数 γ 的数值较大时，很难得到对其的精确估计。因此，在 STAR 模型的估计阶段，对平滑参数 γ 估计的精确度要求并不高。

第四步：模型评估。

在估计了 STAR 模型之后，更重要的工作是对其进行评估，以检验模型能否用于预测或其他用途。误设检验（misspecification test）是检验非线性模型的通用工具，这与线性模型的情形一致。其他较为常见的误设检验包括无残差自相关的 LM 检验、无剩余非线性的 LM 检验，以及参数稳定性的 LM 检验。这些检验的渐进理论要求最大似然估计量具备一致性和渐进正态性的特征，参见 van Dijk、Terasvirta 和 Franses（2002）。

第五步：样本外预测。

与大多数非线性模型的样本外预测类似，我们可以用 STAR 模型进行样本外预测。我们把向前 h 步最优预测表示为 $\hat{y}_{t+h|t}=E[y_{t+h}|\Omega_t]$，相应的预测误差为 $e_{t+h|t}=y_{t+h}-\hat{y}_{t+h|t}$。下面，我们用一个简单的例子来说明，如以公式（3-29）所示的模型为例，并假设 $s_t=y_{t-1}$，则：

$$y_t=\hat{\phi}'_1x'_t(1-G(s_t;\ \gamma,c))+\hat{\phi}'_2x'_tG(s_t;\ \gamma,c)+\varepsilon_t \tag{3-41}$$

与线性模型的一步向前预测类似，上述模型的最优一步向前预测为 $\hat{y}_{t+1|t}=E[y_{t+1}|\Omega_t]=F(x_{t+1};\ \theta)$，其中 $E[\varepsilon_{t+1}|\Omega_t]=0$。当预测区间大于一步时，非线性模型的预测要复杂得多。更常用的方法是蒙特卡洛模拟和 Bootstrap 方法，参见 Clements 和 Smith（1997）。

3.5 结论

从上述介绍中可知，马尔科夫机制转换模型、门限自回归模型，以

及平滑转换自回归模型最主要的区别在于如何处理机制转换结构中的信息。典型的马尔科夫机制转换模型假定转换是由马尔科夫链决定的，并没有对机制变化发生的原因以及这些变化的时间作出解释。在门限自回归模型中，决定机制转换的变量是可观测的，但是引起机制转化的门限却是不可直接观测的，转换机制是离散的。平滑转换回归模型可以使在两个极端机制之间的变化成为平滑或渐进的变化。

平滑转换自回归模型的最大特点是能够刻画所研究变量处于不同的机制，以及机制间的非线性转换。与马尔科夫机制转换模型相比，平滑转换自回归模型有以下特征：一是由于马尔科夫机制转换模型中状态变量不可知或无法观测到，因而对于研究变量所处状态的推断来说，其需要很多信息，而信息的失真可能导致不精确的结论，而且推断的过程较复杂；但平滑转换自回归模型的状态变量是可观测到的，因此模型的应用更为简单。二是马尔科夫机制转换模型只能确定研究变量处在某个状态的概率，而不能刻画研究变量状态间的转化；但平滑转换自回归模型可以刻画研究变量不同状态间的非线性转换。基于上述原因，平滑转换自回归模型及其拓展模型理论在国际学术界已成为宏微观经济行为研究中应用最为广泛的一类非线性时间序列模型之一。

4 半参数 STAR 模型的估计

4.1 引言

机制转换模型能够很好地描述经济变量内生性的结构变化，刻画经济变量间的非线性关系，是非线性时间序列理论的重要分支。因其应用广泛，因此一直受到计量经济学家的关注。文献中最常见的机制转换模型有三种：马尔科夫机制转换模型、门限自回归模型、平滑转换自回归模型。这三种模型分别采用了不同的机制转换方式，区别在于：马尔科夫机制转换模型的机制转换条件是由马尔科夫链决定的，而马尔科夫链是外生给定、不可观测的，这就使我们无法获知机制发生变化的条件，也无法确定机制发生变化的时间；门限自回归模型的机制转换方式是内生的，决定机制转换的变量是可观测的，但引起机制转换的门限是未知的；平滑转换自回归模型的机制转换方式是连续、渐进的平滑变化。

与其他两种模型相比，平滑转换自回归模型有着无法替代的优势。首先，马尔科夫机制转换模型和门限自回归模型的机制转换方式是跳跃的、离散的。但是在实际的生活中，机制之间的转化并不是跳跃、离散的，而是一个连续、平滑的变化过程。比如，经济的周期性变化，无论是从繁荣到萧条，还是从萧条到繁荣，都有一个很长的调整过程；一项新政策的实施往往有明显的时滞效应，需要一段时间才能起作用；股市的变化，牛市熊市的更替，不是一蹴而就的，同样是连续的变化。平滑转换自回归模型能够刻画经济变量在不同状态间的非线性、连续、平滑的变化。实际上，门限自回归模型可看作平滑转换自回归模型的特例。其次，马尔科夫机制转换模型的状态变量无法观测，变量状态的估计和推断过程复杂、烦琐，而平滑转换自回归模型的状态变量是可观测的，模型的应用相对简单。最后，马尔科夫机制转换模型只能确定变量所处状态的概率，无法描述变量状态变化的过程，而平滑转换自回归模型可以刻画变量在不同状态间的转化过程。

平滑转换自回归模型是对转换回归模型和门限自回归模型的拓展，它通过引入转换方程，将离散、突变的机制转换方式变成连续、平滑的方式。在 STAR 模型理论早期的发展阶段，统计学家和计量经济学家关注的焦点主要集中在选取转换函数的具体形式上。Bacon 和 Watts（1971）最早采用双曲切线函数。Goldfeld 和 Quant（1972）以及 Chan 和 Tong（1986）则主张当转换函数为对称时，应采用正态累积分布函数；当转换函数为非对称时，应采用正态概率密度函数。Maddala（1977）提出指数形式的转换函数，Haggan 和 Ozaki（1981）提出对数形式的转换函数。Terasvirta（1994）和 Eirtheim、Terasvirta（1996）完善了 STAR 模型理论，他们不但确定了 STAR 模型的具体形式，而且给出了从模型检验、识别、估计到评估的一套完整程序，使 STAR 模型理论走向成熟。之后，STAR 模型得到多方面的拓展，van Dijk、Franses 和 Lucas（1999）将 STAR 模型由二机制拓展为四机制；Lundbergh、Terasvirta 和 van Dijk（2000）将时间变量引入 STAR 模型，使其具有时变特征；Lundbergh 和 Terasvirta（1998）放弃扰动项独立同分布的假设，容许条件异方差，得到 STAR-GARCH 模型。STAR 模型平滑转换的思想还被应用到其他模型的拓展中，比如向量自回归模型被拓展成平滑转换向量自回归模型（van Dijk、Terasvirta 和 Franses，

2002)；误差修正模型被拓展成平滑转换误差修正模型（Granger 和 Swanson，1996)；固定效应面板数据模型被拓展成面板平滑转换回归模型（Gonzalez、Terasvirta 和 van Dijk，2005)。近几年，我国的学者也用 STAR 模型研究了中国的经济问题，比如刘谭秋（2007）以及刘柏和赵振全（2008）用 STAR 模型研究了人民币汇率问题；王成勇和艾春荣（2010）用 STAR 模型研究了经济周期问题；张凌翔和张晓峒（2011）用 STAR 模型研究了通货膨胀的周期性波动。

但是，经济学家通过大量的实证研究发现，STAR 模型虽然能很好地拟合数据，给出很好的经济学解释，但样本外预测能力无法令人满意。Sarantis（1999）对 STAR 模型和线性模型在样本外预测方面的表现做了比较，结果显示 STAR 模型并没有明显地优于线性模型。Stock 和 Watson（1996）将 STAR 模型应用于预测多组美国月度宏观数据，结果显示，在大多数情况下，STAR 模型的样本外预测能力不及线性模型，但比神经网络模型要好。Boero 和 Marrocu（2002）用多个汇率收益率数据比较不同模型的预测结果，发现 STAR 模型的样本外预测能力不及线性模型，但在不同的样本期间分开预测时，非线性模型的预测能力则超过线性模型。Terasvirta、Dijk 和 Medeiros（2005）在用 G7 经济体 47 个宏观经济变量比较 AR 模型、STAR 模型和神经网络模型的预测能力时发现，在进行点预测时，STAR 模型的预测能力好于 AR 模型。Rapach 和 Wohar（2006）在比较不同模型在对美元实际汇率样本外预测能力时发现，在短期预测方面，STAR 模型的预测结果与 AR 模型的预测结果基本相似，而在长期预测方面，STAR 模型的预测效果则优于 AR 模型。

这种现象的产生是因为 STAR 模型理论存在一些缺陷，特别是 STAR 模型的转换变量进入转换函数的方式过多地依赖一些先验的函数形式假设，存在模型误设的风险。这些问题严重制约着实证分析研究，对模型预测的效果产生重要影响。为了解决这个问题，本书用非参数方法拓展 STAR 模型，首次提出半参数 STAR 模型。我们保持 STAR 模型基本形式不变，让转换变量以非参数的形式进入转换函数，这样即完整地保留了 STAR 模型的经济学解释能力，又解决了模型误设问题，提高了模型的预测能力。我们用蒙特卡洛实验验证了半参数 STAR 模型的估计效果，结果显示半参数 STAR 模型对数据的拟合令人满意。最后，我们比较了半参数 STAR 模型和文献中其他常见模型的样本外预测能力，包括随机游走模型（random walk model，RW）、自回归模型（autoregressive model，AR）、门限自回归模型（threshold autoregressive model，TAR）、平滑转换自回归模型（smooth transition autoregressive model，STAR）、人工神经网络模型（artificial neural network model，ANN）等，发现半参数 STAR 预测能力确实得到大幅提升。

4.2 模型设定

4.2.1 基本 STAR 模型分析

半参数 STAR 模型是对传统 STAR 模型的拓展，因此，我们有必要先简单介绍标准的平滑转换自回归模型。对时间序列变量 y_t ，一个二机制 STAR 模型的一般形式为：

$$y_t = \phi_{1,0} + \sum_{j=1}^{p} \phi_{1,j} y_{t-i} + \left(\phi_{2,0} + \sum_{j=1}^{p} \phi_{2,j} y_{t-i} \right) G(y_{t-d};\ \gamma, c) + \varepsilon_t \tag{4-1}$$

或者：

$$y_t = \phi'_1 x_t + \phi'_2 x_t G(y_{t-d};\ \gamma, c) + \varepsilon_t \tag{4-2}$$

式中： $x_t = (1, y_{t-1}, \cdots, y_{t-p})'$ 为自变量； $\phi_i = (\phi_{i,0}, \phi_{i,1}, \cdots, \phi_{i,p})'$ ， $i = 1,2$ ，是自变量的系数； ε_t 为随机扰动项； $G(y_{t-d};\ \gamma, c)$ 为转换函数，它是一个连续函数，取值范围为 $[0,1]$ ； y_{t-d} 是转换变量； d 是延迟参数； c 是门限变量； $\gamma > 0$ 为平滑系数，它决定了数据生成过程从一个机制到另一个机制的转换速度和转换的平滑度。

STAR 模型可看作两个 p 阶线性自回归模型（AR（p））的组合，当 $G(y_{t-d};\ \gamma, c) = 0$ 时， y_t 服从某一个 AR（p）；当 $G(y_{t-d};\ \gamma, c) = 1$ 时， y_t 服从另一个 AR（p）；当 $0 < G(y_{t-d};\ \gamma, c) < 1$ 时， y_t 在两种机制之间平滑

转换。因此，y_t 在两种机制之间如何转换取决于转换函数 $G(y_{t-d};\ \gamma,c)$ 的具体形式。

在文献中最常用的转换函数有两种，一种为逻辑函数形式，如公式（4-3）所示。

$$G(y_{t-d};\ \gamma,c)=\frac{1}{1+\exp\{-\gamma(y_{t-d}-c)\}} \tag{4-3}$$

我们将采用这种形式转换函数的 STAR 模型称为逻辑平滑转换自回归模型（LSTAR）。转换函数为公式（4-3）的 STAR 模型也被称为一阶 LSTAR 模型。当转换函数为公式（4-4）时，我们称这样的 STAR 模型为 n 阶 LSTAR 模型，它可以用来描述更加复杂的机制转换方式。

$$G(y_{t-d};\ \gamma,c)=\frac{1}{1+\exp\{-\gamma\prod_{i=1}^{n}(y_{t-d}-c_i)\}} \tag{4-4}$$

另一种常用的转换函数为指数函数形式，如公式（4-5）所示。

$$G(y_{t-d};\ \gamma,c)=1-\exp\{-\gamma(y_{t-d}-c)^2\} \tag{4-5}$$

采用这种形式转换函数的 STAR 模型被称为指数平滑转换自回归模型（ESTAR）。

STAR 模型能够很好地刻画两个机制之间平滑转换的动态特征，具有良好的经济学含义，样本内拟合的效果也很好，但是大量的实证研究也证明它的样本外预测能力不尽如人意，这个问题很有可能是转换变量进入转换函数方式引起的。这是因为：第一，从公式（4-3）～公式（4-5）可以看到，转换变量以参数形式进入转换函数，但是这种设定并没有理论依据，是根据经验积累所得的，而实际数据的转换变量起作用的方式不仅限于此，还可能存在其他形式；第二，以 LSTAR 模型为例，目前的 STAR 模型设定方法最多只能识别两个门限值，也就是说，LSTAR 模型的转换函数只能局限在一阶对数函数和二阶对数函数两种形式，而真实的经济数据很有可能存在多个门限值，因此，这种对转换方程形式进行限制的做法可能导致错误的模型设定；第三，van Dijk、Terasvirta 和 Franses（2002）讨论了过渡变量 γ 的估计问题，指出目前 STAR 模型的估计方法无法对过渡变量 γ 取得精确的估计。因此，过渡变量 γ 的估计误差可能导致STAR模型样本外预测效果不佳。针对以上三个可能导致STAR模型误设的原因，本书提出了半参数STAR模型，下面我们将具体给出半参数STAR模型及其估计方法。

4.2.2 半参数STAR模型设定

为了解决上一节提到的问题，我们提出半参数STAR模型（semi-parametric SATR）。其基本思想是：在完整保持STAR模型基本形式不变的同时，将转换变量以非参数形式进入转换函数，这样我们就无须设定门限变量的个数，不用估计过渡变量 γ，而且可以刻画更多和更复杂的转换形式，避免了模型误设问题；与此同时，还保留了STAR模型机制平滑转化特征。半参数STAR模型如下所示：

$$y_t = \phi_{1,0} + \sum_{j=1}^{p} \phi_{1,j} y_{t-i} + \left(\phi_{2,0} + \sum_{j=1}^{p} \phi_{2,j} y_{t-i} \right) G^*(f(y_{t-d})) + \varepsilon_t \tag{4-6}$$

向量形式为：

$$y_t = \phi'_1 x_t + \phi'_2 x_t G^*(f(y_{t-d})) + \varepsilon_t \tag{4-7}$$

其中：

$$G^*(f(y_{t-d})) = \frac{1}{1 + \exp\{f(y_{t-d})\}} \tag{4-8}$$

从公式（4-7）和公式（4-8）可以看出，除了转换方程 $G^*(f(y_{t-d}))$，半参数STAR模型假设与经典STAR模型相同。在形式上，半参数转换方程与LSTAR模型的转换方程（公式（4-3））非常相似。它们的不同之处在于，半参数STAR模型将函数 $f(y_{t-d}) = -\gamma \prod_{i=1}^{m} (y_{t-d} - c_i)$ 看作一个整体，当作 y_{t-d} 的函数，用非参数方法估计。与参数形式的转换方程相比，它有以下特点：第一，虽然我们将半参数STAR模型的转换函数 $G^*(f(y_{t-d}))$ 限定于对数形式，但由于 $f(y_{t-d})$ 采用非参数形式，使得 $G^*(f(y_{t-d}))$ 具有很高的灵活性，可以刻画更多和更复杂的转换形式，从而避免模型误设问题；第二，半参数STAR模型将 $f(y_{t-d})$ 当作一个整体估计，无须估计过渡变量和门限变量，避免了这个问题对模型预测造成的影响；第三，采用半参数转换方程 $G^*(f(y_{t-d}))$ 可以保证它的取值在 0 到 1 之间。半参数 STAR 模型保留了经典 STAR 模型的经济学解释能力，同时提高其预测能力，这一点会在下面的章节进行详细阐述。

4.3 半参数 STAR 模型估计方法

由于半参数 STAR 模型的非参数部分嵌套在对数形式的转化方程中，不能与参数部分分离，需将参数部分和非参数部分分别估计，因此我们提出了半参数 STAR 模型的三阶段估计法：

第一阶段：我们首先对函数 $f(y_{t-d})$ 做一阶泰勒展开：

$$f(y_{t-d}) \approx a + by_{t-d} \tag{4-9}$$

则，半参数 STAR 模型可表示为：

$$y_t \approx \phi'_1 x_t + \phi'_2 x_t \frac{1}{1+\exp\{a+by_{t-d}\}} + \varepsilon_t \tag{4-10}$$

我们将 ϕ_1 、 ϕ_2 、 a 和 b 视为 y_{t-d} 的函数，用局部常数估计法（local constant estimation）估计，目标函数如下所示：

$$L(\phi_1, \phi_2, a, b) = \sum_{t=1}^{T} (y_t - \phi'_1 x_t - \phi'_2 x_t \frac{1}{1+\exp\{a+by_{t-d}\}})^2 K_{h_1}(s_t - s_0) \tag{4-11}$$

式中： $K_h(\cdot) = K(\cdot/h)/h$ ， $K(\cdot)$ 是一个核函数， h 是窗宽（bandwidth）；对每一个转换变量 $s_0 \in \{y_{t-d}\}_{t=1}^{T}$ ，可以得到一组对应的参数估计值 $\{\hat{\phi}_1(s_0), \hat{\phi}_2(s_0), \hat{a}(s_0), \hat{b}(s_0)\}$ 。

第二阶段：由第一阶段得到的估计值 $\{\hat{\phi}_1(s_t), \hat{\phi}_2(s_t)\}_{t=1}^{T}$ ，取平均值作为 ϕ_1 、 ϕ_2 的最终估计值 $\{\tilde{\phi}_1, \tilde{\phi}_2\}$ ，即：

$$\tilde{\phi}_1 = \frac{1}{T}\sum_{t=1}^{T} \hat{\phi}_1(s_t)$$

$$\tilde{\phi}_2 = \frac{1}{T}\sum_{t=1}^{T} \hat{\phi}_2(s_t)$$

第三阶段：将第二阶段得到的 ϕ_1 、 ϕ_2 的估计值 $\{\tilde{\phi}_1, \tilde{\phi}_2\}$ 代入目标函数，重新估计非参数部分：

$$L(f) = \sum_{t=1}^{T} (y_t - \tilde{\phi}'_1 x_t - \tilde{\phi}'_2 x_t \frac{1}{1+\exp\{f\}})^2 K_{h_2}(s_t - s_0) \tag{4-12}$$

同样，对每一个转换变量 $s_0 \in \{y_{t-d}\}_{t=1}^{T}$ ，可以得到一组对应的参数估计值 $\{\tilde{f}(s_t)\}_{t=1}^{T}$ 。

在第一阶段和第三阶段的非参数估计中，我们都使用 Epanechnikov 核函数：

$$K(u) = 0.75(1 - u^2)1(|u| \leq 1)$$

但是，在这两次非参数估计中，我们使用不同的窗宽。在第一阶段估计时，为了减少偏差对第二阶段和第三阶段的影响，需要选取一个较小的窗宽。在第三阶段，我们可以用 CV（cross validation）方法选取窗宽。

4.4 大样本理论

为了表述方便，我们可将半参数 STAR 模型表述为：

$$y_i = m(x_i, \phi_1, \phi_2, f(s_i)) + \varepsilon_i \quad (4-13)$$

下面，我们将分别证明三个阶段估计值的渐近性质。

4.4.1 第一阶段

在第一阶段，我们相当于估计一个非线性变系数半参数模型。

$$y_i = m(x_i, s_i, \theta(s_i)) + \varepsilon_i \quad (4-14)$$

其中， $\theta(s_t) = (\phi'_1(s_t), \phi'_2(s_t), a(s_t), b(s_t))$ 。也就是说，我们最优化下式：

$$Q(\theta(s)) = \frac{1}{n}\sum_{i=1}^{n}\{y_i - m(x_i, s_i, \theta(s))\}^2 K_h(s_i - s) \quad (4-15)$$

一阶条件为：

$$L(\theta) = -\frac{1}{n}\sum_{i=1}^{n}\{y_i - m(x_i, s_i, \theta)\}m'(x_i, s_i, \theta)K_h(s_i - s) \quad (4-16)$$

现在，我们来考察 $\hat{\theta}(s)$ 的渐近性。

定义：

$$\mu_i = \int_{-\infty}^{\infty} u^i K(u)\mathrm{d}u \ , \quad v_i = \int_{-\infty}^{\infty} u^i K^2(u)\mathrm{d}u$$

$$\Omega(s) = E[m'(x_i, s, \theta)m'(x_i, s, \theta)^T | s]$$

$$\Omega^*(s) = E[m'(x_i, s, \theta)m'(x_i, s, \theta)\sigma^2(x_i, s) | s]$$

假定 A：

（A1）函数 $m(\cdot)$ 为三阶连续可导。$f_s(s)$ 是连续的且 $f_s(s)>0$ 成立，并且 $f_{y|x,s}(y)$ 有界满足 Lipschitz 条件；

（A2）$\Omega(\cdot)$、$\Omega^*(\cdot)$ 是正定的、连续的；

（A3）核函数 $K(u)$ 是对称的，其值域是 $[-1,1]$ 紧集，并且

$\int_{-1}^{1}K(u)\mathrm{d}u=1$，$\int_{-1}^{1}u^2K(u)\mathrm{d}u\neq 0$

$\int_{-1}^{1}|u|^jK^k(u)\mathrm{d}u \quad \mathrm{j}\leqslant \mathrm{k}=1,2$

（A4）$\theta(\cdot)$ 为二阶连续可导；

（A5）窗宽 h 满足 $h\to 0$ 和 $nh\to\infty$。

假定 B：

（B1）$\{(x_t,s_t,y_t)\}$ 是严平稳 β-mixing 过程，存在 $\delta>0$ 使得混合系数 $\beta(n)$ 满足 $\sum_{n=1}^{\infty}n^2\beta^{\delta/(1+\delta)}(n)<\infty$；

（B2）存在 $\delta^*>\delta$ 使得 $E\|m'(\cdot)\|^{2(1+\delta^*)}<\infty$。函数 $f_u(\cdot)$、$\Omega^*(\cdot)$、$\Omega(\cdot)$ 及其反函数是有界的；

（B3）$n^{1/2-\delta/4}h^{\delta/\delta^*-1/2-\delta/4}=O(1)$。

定理 1：在假设 A 的条件下，有：

$$\sup_{s\in S}\left|\hat{\theta}(s)-\theta(s)\right|=O_p(n^{-\varsigma})$$

式中，$0<\varsigma<\frac{1}{2}$。

定理 2：在假设 A 和假设 B 下，有：

$$\sqrt{nh}\{\hat{\theta}(s)-\theta(s)-h^2H(s)\mu_2\}\xrightarrow{L}N(0,D)$$

式中：$H(s)=\Omega^{-1}(s)B(s)=\Omega^{-1}(s)\int[\Omega'(s)f(s)+\Omega(s)f'(s)]\theta'(s)v^2K(v)\mathrm{d}v$；$D=f(s)\Omega^*(s)v_1$。

4.4.2 第二阶段

从定理 2 的证明过程，我们得到：

$$\sqrt{nh}\{\hat{\theta}(s_0)-\theta(s_0)\}\approx\frac{h}{\sqrt{nh}}[\Omega(s_0)f(s_0)]^{-1}\times\sum_{j=1}^{n}\{y_j-m(x_j,s_j,\theta(s_0))\}m'(x_j,s_j,\theta(s_0))K_h(s_j-s_0)$$

$$=\frac{h}{\sqrt{nh}}\sum_{j=1}^{n}B^{-1}(s_0)Z(s_0,\xi_j) \tag{4-17}$$

因为 $\phi(s)=(\phi'_1(s),\phi'_2(s))'$ ， $\theta(s)=(\phi'(s),a(s),b(s))'$ ，则：

$$\hat{\phi}(s_0)-\phi(s_0)=\frac{1}{n}\sum_{j=1}^{n}e_1^T B^{-1}(s_0)Z(s_0,\xi_j) \tag{4-18}$$

式中： $e_1^T=(I_{2p},O_{2p\times 2})$ 为选择矩阵。

对每一个 S_i ，通过运用 leave-one-out 方法，我们可以得到 Bahadur 表示：

$$\hat{\phi}(S_i)-\phi(S_i)\approx\frac{1}{n}\sum_{j\neq i}^{n}e_1^T B^{-1}(\xi_i)Z(\xi_i,\xi_j) \tag{4-19}$$

因此，

$$\begin{aligned}\tilde{\phi}-\phi&=\frac{1}{n}\sum_{i=1}^{n}\hat{\phi}(s_i)-\phi(s_i)\\&\approx\frac{2}{n^2}\sum_{l\leqslant i<j<n}e_1^T B^{-1}(\xi_i)Z(\xi_i,\xi_j)\\&=\frac{1}{n^2}\sum_{1\leqslant i<j<n}[e_1^T B^{-1}(\xi_i)Z(\xi_i,\xi_j)+e_1^T B^{-1}(\xi_j)Z(\xi_j,\xi_i)]\\&=\frac{n-1}{2n}V_n\end{aligned} \tag{4-20}$$

式中： $T_n(\xi_i,\xi_j)=e_1^T B^{-1}(\xi_i)Z(\xi_i,\xi_j)+e_1^T B^{-1}(\xi_j)Z(\xi_j,\xi_i)$ ， $V_n=\frac{2}{n(n-1)}\sum_{l\leqslant i<j<n}T_n(\xi_i,\xi_j)$ 。

接下来，我们证明 V_n 是一个有着非退化核函数 $T_n(\xi_i,\xi_j)$ 的 U-统计量。为了推导 $\tilde{\phi}$ 的渐近性质，我们进行 Hoeffding 分解。有：

$$H_n^{(1)}=\frac{1}{n}\sum_{i=1}^{n}h_n^{(1)}(\xi_i) \tag{4-21}$$

$$H_n^{(2)}=\frac{2}{n(n-1)}\sum_{l\leqslant i<j\leqslant n}h_n^{(2)}(\xi_i,\xi_j) \tag{4-22}$$

式中： $h_n^{(1)}(v)=E[T_n(v,\xi_j)]-\gamma_n$ ； $h_n^{(2)}(v,w)=T_n(v,w)-E[T_n(v,\xi_j)]-E[T_n(\xi_i,w)]+\gamma_n$ ； $\gamma_n=\iint T_n(\xi_i,\xi_j)\mathrm{d}F(\xi_i)\mathrm{d}F(\xi_j)\equiv E^{\otimes}T_n(\xi_i,\xi_j)$ 。

那么，我们得到：

$$V_n=\gamma_n+2H_n^{(1)}+H_n^{(2)} \tag{4-23}$$

引理 1：

（1） $\gamma_n=h^2\mu_2 R^*+O(h^2)$ ；

（2） $h_n^{(1)}(v)=e_1^T B^{-1}(v)\varphi(v,v)f_s(v)+O(h)$ ；

（3） $h_n^{(2)}(v,w)=T_n(v,w)-e_1^T B^{-1}(v)\varphi(v,v)f_s(v)-e_1^T B^{-1}(w)\varphi(w,w)f_s(w)+O(h)$ 。

引理 2：

（1） $E[h_n^{(1)}(\xi_i)]=0$；

（2） $Var(h_n^{(1)}(\xi_i))=\sum_\phi+O(1)$；

（3） $Cov(h_n^{(1)}(\xi_1),h_n^{(1)}(\xi_{m+1}))=Cov(W_1,W_{m+1})\leqslant C\alpha(m)$ 对于某个 C 成立，其中 $W_m=e_1^T\Omega^{-1}(s_m)m'(x_m,s_m,\theta(s_m))\varepsilon_m$。

引理 3：

（1） $E[H_n^{(1)}]=0$；

（2） $n\,Var(H_n^{(1)})=\sum_\phi+O(1)$；

（3） $E\left|h_n^{(1)}(\xi_i)\right|^4=O(1)$；

（4） $E\left|h_n^{(2)}(\xi_i,\xi_j)\right|^2=O(h^{-2})$。

定理 3：

在假设 A 与假设 B 下：

$$\sqrt{n}[\tilde{\phi}-\phi-B_\phi]\xrightarrow{d}N(0,\sum_\phi)$$

式中：$B_\phi=h^2\mu_2R^*$；$\sum_\phi=E[e_1^T\Omega^{-1}(s_1)\Omega^*(s_1)^{-1}\Omega^{-1}(s_1)e_1]$。

4.4.3 第三阶段

将第二阶段得到的参数估计值 $\tilde{\phi}=(\tilde{\phi}'_1,\tilde{\phi}'_2)'$ 代入公式（4-13），得到

$$y_t=\hat{m}(x_t,f(s_t))+\varepsilon_t \tag{4-24}$$

式中：$\hat{m}(x_t,f(s_t))=m(x_t,f(s_t);\ \tilde{\phi})$。

我们重新估计非参数部分 $f(s)$，

$$\hat{Q}(f(s))=\frac{1}{n}\sum_{i=1}^{n}\{y_i-\hat{m}(x_i,f(s))\}^2K_h(s_i-s) \tag{4-25}$$

一阶条件为

$$\hat{L}(f(s))=-\frac{1}{n}\sum_{i=1}^{n}\{y_i-\hat{m}(x_i,f(s))\}\hat{m}'(x_i,f(s))K_h(s_i-s) \tag{4-26}$$

得到新的估计 $\left\{\tilde{f}(s_t)\right\}_{t=1}^{n}$。

定义：

$$\hat{\Omega}(s)=E[\hat{m}'(x_i,f)\hat{m}'(x_i,f)^T|s]$$

$$\hat{\Omega}^*(s)=E[\hat{m}'(x_i,f)\hat{m}'(x_i,f)\sigma^2(x_i,s)|s]$$

假定 C：

（C1）与假设（B1）相同；

（C2）存在 $\delta^*>\delta$ 使得 $E\|\hat{m}'(\cdot)\|^{2(1+\delta^*)}<\infty$。函数 $f_s(\cdot)$、$\hat{\Omega}^*(\cdot)$、$\hat{\Omega}(\cdot)$ 及其反函数是有界的；

（C3）$n^{1/2-\delta/4}h_1^{\delta/\delta^*-1/2-\delta/4}=O(1)$，并且有 $h/h_1=O(1)$。

定理 4：

在假设 A 与假设 C 下，

$$\sqrt{nh}\{\tilde{f}(s)-f(s)-h^2W(s)\mu_2)\}\xrightarrow{L}N(0,\Omega^{-1}(s)D(s)\Omega^{-1}(s))$$

式中：$W(s_0)=\int\{m''(x_i,f(s_0);\ \phi)f'(s_0)+m'(x_i,f(s_0);\ \phi)f''(s_0)\}m'(x_i,f(s_0);\ \phi)f_{X|S}(x_i)\mathrm{d}x_i$，$D=f(s_0)\Omega^*(s_0)v_1$。

4.5 蒙特卡洛数值模拟

我们做蒙特卡洛实验来检验本书提出的三阶段估计方法在有限样本的情况下半参数 STAR 模型的估计效果。我们感兴趣的是，对于不同形式的转换函数，我们的方法能否很好地估计模型系数，特别是能否对非参数部分进行很好的估计。

4.5.1 数据生成过程

为此，我们考察三种不同的数据生成过程，这三种数据生成过程的参数部分即自回归部分完全一样，所不同的是采用不同的转换函数。这三种转换函数为文献中最常用的三种，即转换函数为一阶对数函数，二阶对数函数和指数函数三种形式。具体的数据生成过程如下所示：

$$y_t=0.3-0.4y_{t-1}+(-0.7+0.6y_{t-1})G(s_t)+e_t \tag{4-27}$$

式中：e_t 为随机扰动项。

对应三种数据生成过程，$G(s_t)$ 分别采用 $1/(1+\exp\{-2s_t\})$、$1/(1+\exp\{-0.5(s_t-1)(s_t+1)\})$、$1-\exp\{-0.5s_t^2\}$ 三种形式。为了表述方便，我们

分别用 LSATR1、LSTAR2 和 ESTAR 来代表这三种数据生成过程。对每一种情形，在样本量分别为 200、500 和 800 时，我们重复做 1 000 次蒙特卡洛模拟。

4.5.2 蒙特卡洛模拟结果

参数部分的蒙特卡洛模拟结果列于表 4-1 中。其中，ϕ_1、ϕ_2、ϕ_3 和 ϕ_4 分别代表公式（4-27）中参数部分的系数，括号内的数值是系数的真实值；LSATR1、LSTAR2 和 ESTAR 分别对应三种不同的数据生成过程；n=200、500、800 分别对应不同的样本量；表中每个数值代表 1 000 次模拟结果的中位数，括号内的数值是标准差。从表 4-1 中可以看出，参数部分的模拟结果接近真实值，而且随着样本量的增加，标准差在减小，这意味着对真实值的偏离在减小。

接下来，表 4-2 给出非参数部分的模拟结果，这里用拟合误差的绝对平均值（MAE）来作为评价标准。用拟合误差的绝对平均值来测度转换函数估计值与真实值之间的偏差，定义为：

$$MAE = n^{-1}\sum_{t=1}^{n}\left|\hat{G}(s_t) - G(s_t)\right| \tag{4-28}$$

表 4-2 中 n 代表样本量；LSATR1、LSTAR2 和 ESTAR 分别代表三种不同的数据生成过程；表中的数值是 1 000 个系数的估计值与其真实值之差绝对值的中位数，括号内的数值是估计误差的标准差。从表 4-2 可以判断，非参数部分的拟合结果也很好，真实值与估计值非常接近，随着样本量的增加，标准差在减小，对真实值的偏离在减小。

为了进一步说明数据的拟合效果，我们还给出非参数部分的盒子图（boxplot）和相应转换函数的拟合图，如图 4-1～图 4-6 所示。

从盒子图可以看到，随着样本量的增加，方差在减小并具有收敛趋势，这与理论预测一致。而转换函数的拟合图也说明半参数 STAR 模型对三种不同的数据生成过程都能很好地拟合，表明用半参数 STAR 模型对数据进行拟合不需要关于模型具体形式先验的信息就能够达到预期的效果。以上结果显示，半参数 STAR 模型对数据的拟合令人满意，满足预期目标。

表 4-1　　半参数 STAR 模型参数部分蒙特卡洛模拟结果

模型	样本量	ϕ_1	ϕ_2	ϕ_3	ϕ_4
LSATR1	n=200	0.0048 (0.0041)	0.0107 (0.0102)	0.0124 (0.0106)	0.0130 (0.0116)
	n=500	0.0038 (0.0035)	0.0070 (0.0061)	0.0114 (0.0094)	0.0097 (0.0084)
	n=800	0.0037 (0.0034)	0.0059 (0.0054)	0.0100 (0.0092)	0.0092 (0.0083)
LSATR2	n=200	0.0063 (0.0054)	0.0139 (0.0128)	0.0097 (0.0084)	0.0208 (0.0186)
	n=500	0.0049 (0.0045)	0.0097 (0.0079)	0.0083 (0.0073)	0.0137 (0.0119)
	n=800	0.0048 (0.0042)	0.0076 (0.0070)	0.0070 5 (0.0066)	0.0114 (0.0098)
ESTAR	n=200	0.0047 (0.0043)	0.0118 (0.0112)	0.0123 (0.0106)	0.0147 (0.0132)
	n=500	0.0042 (0.0036)	0.0076 (0.0071)	0.0113 (0.0096)	0.0108 (0.0089)
	n=800	0.0037 (0.0036)	0.0066 (0.0057)	0.0105 (0.0092)	0.0098 (0.0085)

表 4-2　　半参数 STAR 模型非参数部分蒙特卡洛模拟结果

模型	MAE		
	n=200	n=500	n=800
LSATR1	0.0199 (0.0073)	0.0138 (0.0055)	0.0121 (0.0049)
LSATR2	0.0205 (0.0046)	0.0145 (0.0028)	0.0120 (0.0024)
ESTAR	0.0288 (0.0066)	0.0205 (0.0051)	0.0172 (0.0046)

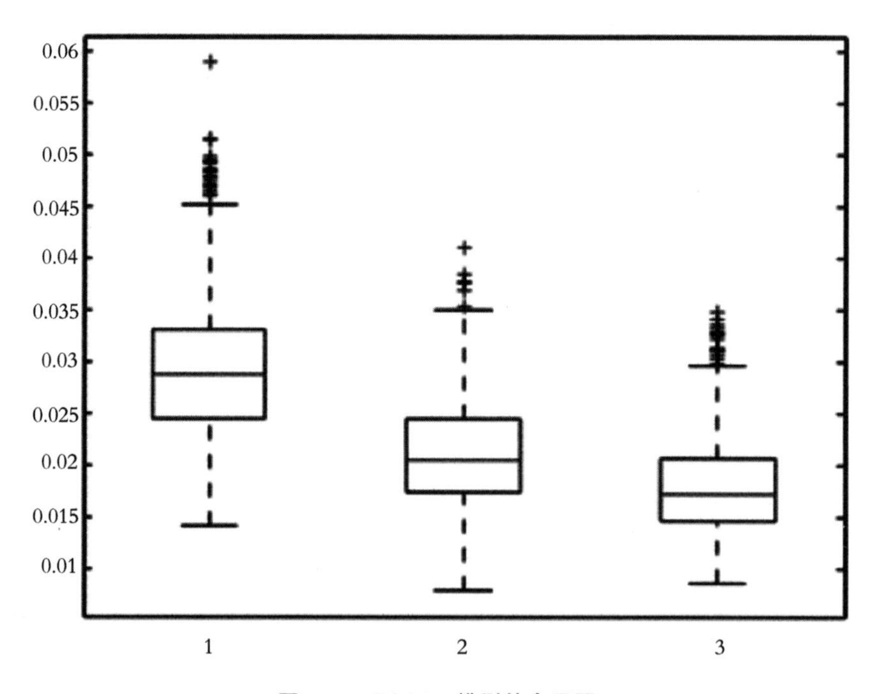

图 4-1 ESTAR 模型的盒子图

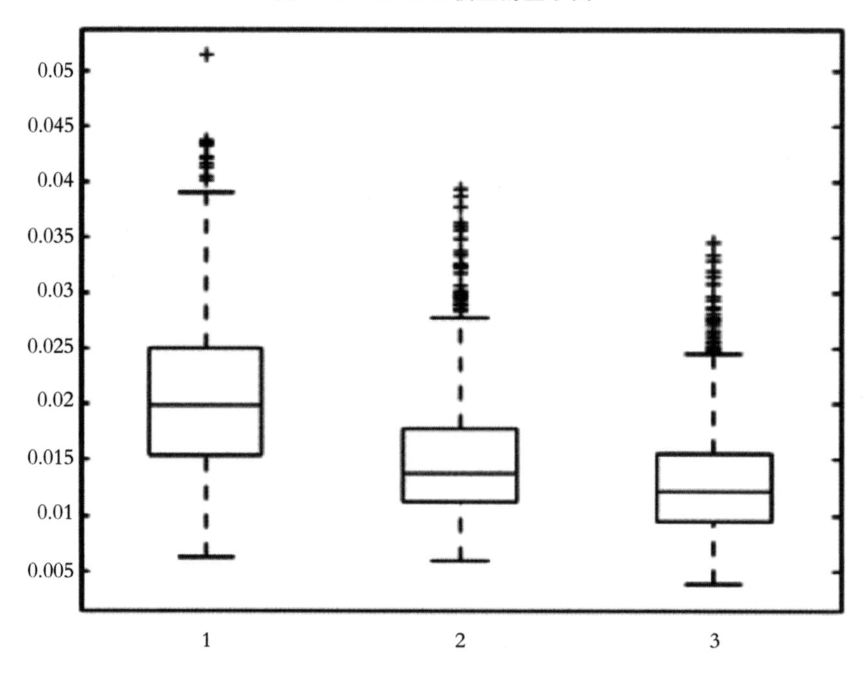

图 4-2 LSTAR1 模型的盒子图

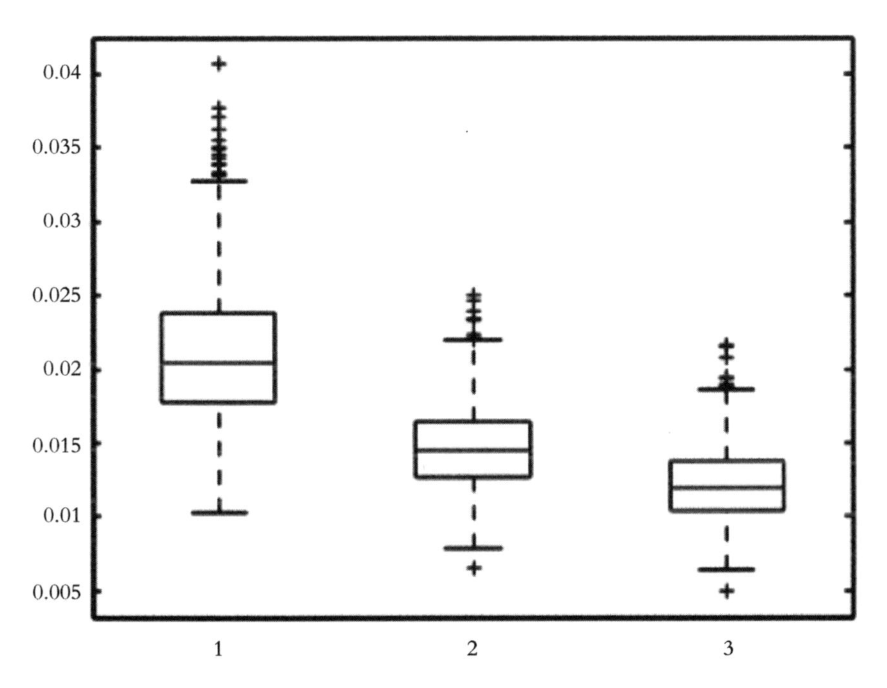

图 4-3　LSTAR2 模型的盒子图

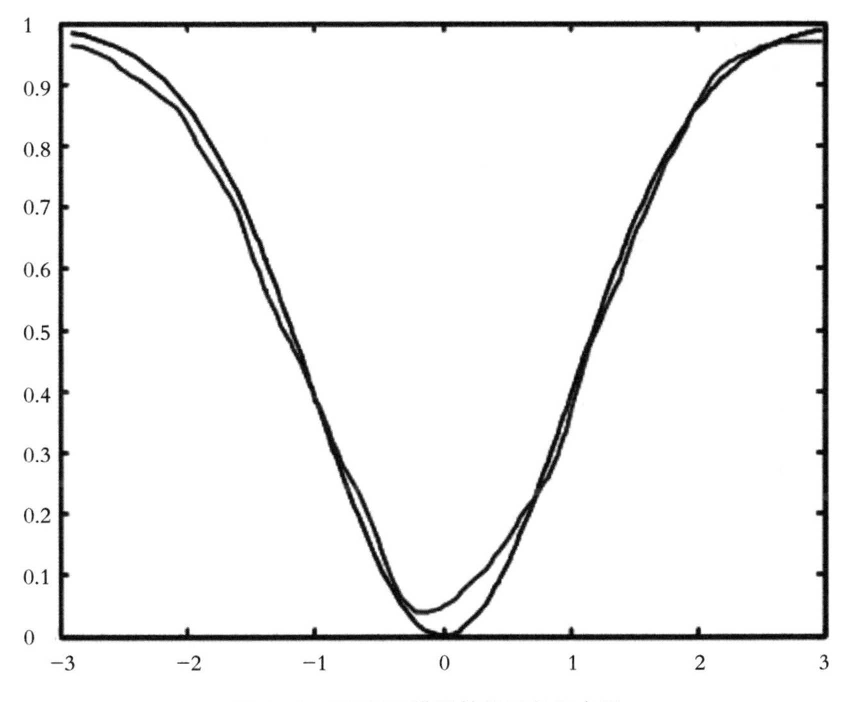

图 4-4　ESTAR 模型转换函数拟合图

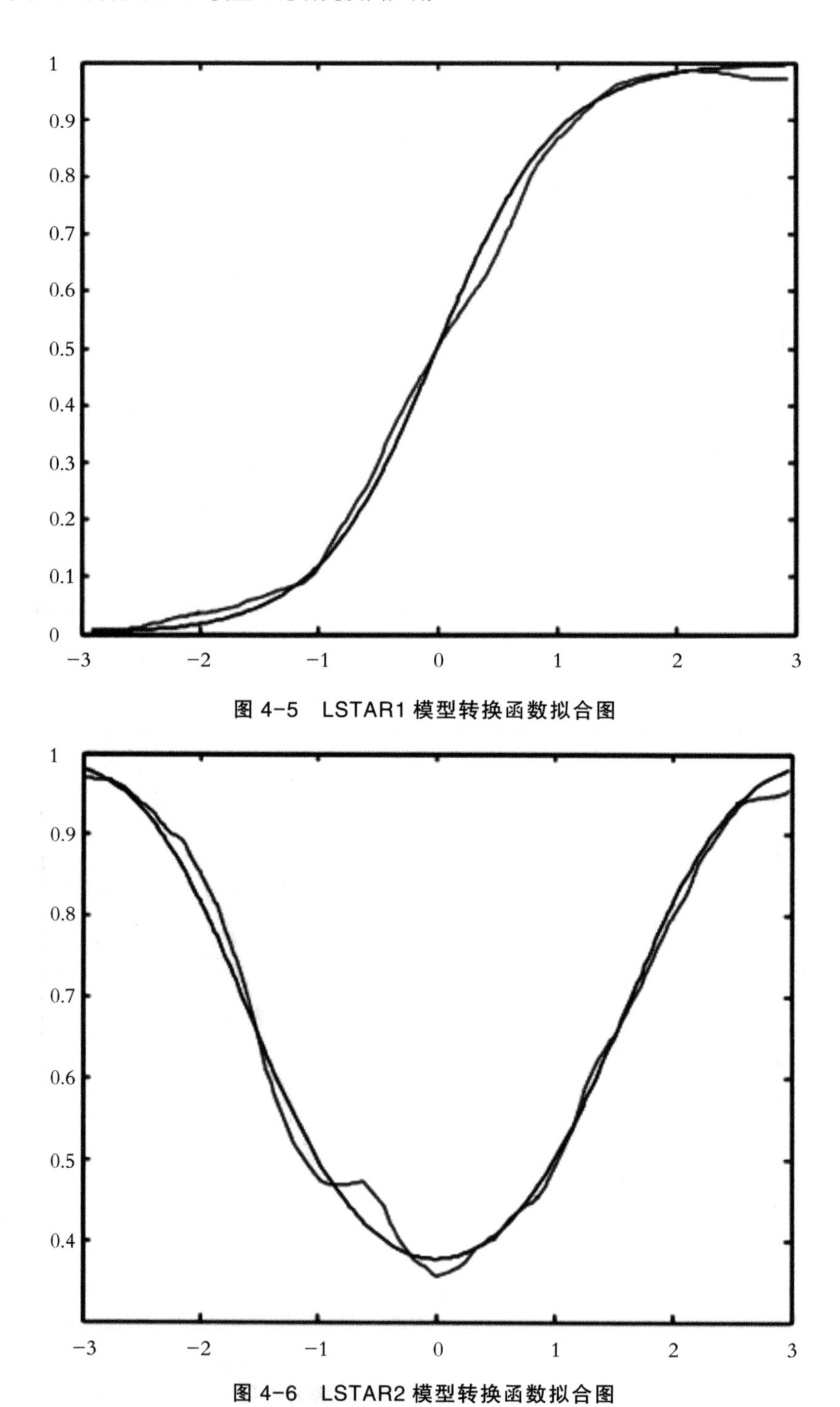

图 4-5　LSTAR1 模型转换函数拟合图

图 4-6　LSTAR2 模型转换函数拟合图

4.6 结论

STAR 模型是最流行的宏观预测模型之一，它是在转换回归模型和门限自回归模型的基础上发展起来的。然而大量的实证研究发现，STAR 模型虽然能很好地拟合数据，给出很好的经济学解释，但样本外预测能力无法令人满意。这种现象的产生是因为 STAR 模型理论存在一些缺陷，导致模型存在误设风险。我们在完整保留 STAR 模型基本形式不变的同时，将转换变量以非参数形式进入转换函数。这样既完整地保留了 STAR 模型的经济学解释能力，又解决了模型误设问题，提高了模型的预测能力。由于半参数 STAR 模型的非参数部分嵌套在对数形式的转化方程中，不能与参数部分分离，因此我们提出半参数 STAR 模型的三阶段估计法，将参数部分和非参数部分分别估计。针对半参数 STAR 模型的三阶段估计法，我们给出每一步相应的估计值的渐近性质，并且用蒙特卡洛实验验证了半参数 STAR 模型的估计效果，即对不同形式的转换函数，检验三阶段方法是否能很好地估计模型系数，特别是对非参数部分能否很好地估计。结果显示，半参数 STAR 模型对数据的拟合结果令人满意。

4.7 理论证明

4.7.1 第一阶段

定理 1 证明：

用 $\theta^0(s)$ 表示公式（4-14）参数的真实值，并且 v 代表 p 维的向量，满足 $\|v\|=1$ 。我们需证明对任意给定的 $\eta>0$ ，有

$$P\left\{\inf_{s\in S}\inf_{\|v\|=1} Q\left\{\theta^0(s)+n^{-\varsigma}v\right\}>Q\left\{\theta^0(s)\right\}\right\}\geqslant 1-\eta$$

这意味着：

$$P\left\{\sup_{s\in S}\left\|\hat{\theta}(s)-\theta^0(s)\right\|\leqslant n^{-\varsigma}\right\}\geqslant 1-\eta$$

即：

$$\sup_{s\in S}\left\|\hat{\theta}(s)-\theta^0(s)\right\| = O_p(n^{-\varsigma})$$

对目标函数（4-15）进行 Taylor 展开，在 θ^0 和 $\theta^0(s)+n^{-\varsigma}v$ 之间存在 θ^* 使得：

$$\begin{aligned}
&Q\{\theta^0+n^{-\varsigma}v\}-Q(\theta^0)\\
&\approx -\frac{2n^{-\varsigma}}{n}v^T\left(\sum_{i=1}^{n}(y_i-m(x_i,s_i,\theta^0))m'(x_i,s_i,\theta^0)K_h(s_i-s)\right)+\\
&\quad \frac{n^{-2\varsigma}}{n}v^T\left(\sum_{i=1}^{n}m'(x_i,s_i,\theta^0)m'(x_i,s_i,\theta^0)^TK_h(s_i-s)\right)v-\\
&\quad \frac{n^{-2\varsigma}}{n}v^T\left(\sum_{i=1}^{n}(y_t-m(x_i,s_i,\theta^0))m''(x_i,s_i,\theta^0)K_h(s_t-s)\right)v\\
&\approx -\frac{2n^{-\varsigma}}{n}v^T\left(\sum_{i=1}^{n}(y_t-m(x_i,s_i,\theta^0))m'(x_i,s_i,\theta^0)K_h(s_i-s)\right)+\\
&\quad \frac{n^{-2\varsigma}}{n}v^T\left(\sum_{i=1}^{n}m'(x_i,s_i,\theta^0)m'(x_i,s_i,\theta^0)^TK_h(s_i-s)\right)v-\\
&\quad \frac{T^{-2\varsigma}}{n}v^T\left(\sum_{i=1}^{n}(y_i-m(x_i,s_i,\theta^0))m''(x_i,s_i,\theta^0)K_h(s_i-s)\right)v
\end{aligned}$$

接下来，我们比较以下三项的收敛速度：

$$\frac{2n^{-\varsigma}}{n}v^T\left(\sum_{i=1}^{n}(y_i-m(x_i,s_i,\theta^0))m'(x_i,s_i,\theta^0)K_h(s_i-s)\right)=O_p(n^{-(\varsigma+1/2)})$$

$$\frac{n^{-2\varsigma}}{n}v^T\left(\sum_{i=1}^{n}m'(x_i,s_i,\theta^0)m'(x_i,s_i,\theta^0)^TK_h(s_i-s)\right)v=O_p(n^{-2\varsigma})$$

$$\frac{n^{-2\varsigma}}{n}v^T\left(\sum_{i=1}^{n}(y_i-m(x_i,s_i,\theta^0))m''(x_i,s_i,\theta^0)K_h(s_i-s)\right)v=O_p(n^{-(2\varsigma+1/2)})$$

当 $0<\varsigma<1/2$ 时，在这三项中，第二项的收敛速度最慢，第一项和第三项当 n 趋于无穷时可以忽略不计。因此，$Q\{\theta^0+n^{-\varsigma}v\}-Q(\theta^0)$ 渐近等价于 $\frac{n^{-2\varsigma}}{n}v^T\left(\sum_{i=1}^{n}m'(x_i,s_i,\theta^0)m'(x_i,s_i,\theta^0)^TK_h(s_i-s)\right)v$。

根据假定，这一项始终为正。因此，我们有：

$$P\left\{\inf_{s\in S}\inf_{\|v\|=1}Q\left\{\theta^0(s)+n^{-\varsigma}v\right\}>Q\left\{\theta^0(s)\right\}\right\}\geqslant 1-\eta$$

证明完毕。

定理 2 证明：

根据公式（4-16），我们有

$$0=L(\hat{\theta}(s))$$

$$= -\frac{1}{n}\sum_{i=1}^{n}\{y_i - m(x_i, s_i, \hat{\theta}(s))\}m'(x_i, s_i, \hat{\theta}(s))K_h(s_i - s)$$

$$= \frac{1}{n}\sum_{i=1}^{n}m'(x_i, s_i, \bar{\theta}(s))m'(x_i, s_i, \hat{\theta}(s))^T K_h(s_i - s)\{\hat{\theta}(s) - \theta(s)\} -$$

$$\frac{1}{n}\sum_{i=1}^{n}\{y_i - m(x_i, s_i, \theta(s))\}m'(x_i, s_i, \hat{\theta}(s))K_h(s_i - s)$$

$$= \frac{1}{n}\sum_{i=1}^{n}m'(x_i, s_i, \bar{\theta}(s))m'(x_i, s_i, \hat{\theta}(s))^T K_h(s_i - s)\{\hat{\theta}(s) - \theta(s)\} -$$

$$\frac{1}{n}\sum_{i=1}^{n}\{y_i - m(x_i, s_i, \theta(s))\}m'(x_i, s_i, \theta(s))K_h(s_i - s) + o(1)$$

第三项是第二项的高阶无穷小，可以渐近忽略不计。并且，

$$\sup_{s\in S}\left|\frac{1}{n}\sum_{i=1}^{n}m'(x_i, s_i, \theta^*)m'(x_i, s_i, \theta^*)^T K_h(s_i - s) - E[m'(x_i, s_i, \theta(s))m'(x_i, s_i, \theta(s))^T]\right|$$

$$= O_p[h^2 + \{\log(nh)/nh\}^{1/2}]$$

$$L(\theta(s)) = -\frac{1}{n}\sum_{i=1}^{n}\{y_i - m(x_i, s_i, \theta(s))\}m'(x_i, s_i, \theta(s))K_h(s_i - s)$$

$$= -\frac{1}{n}\sum_{i=1}^{n}\{y_i - m(x_i, s_i, \theta(s_i)) + m(x_i, s_i, \theta(s_i)) - m(x_i, s_i, \theta(s))\} \times$$

$$f'_i(\theta(s))K_h(s_i - s)$$

$$= -\frac{1}{n}\sum_{i=1}^{n}\{y_i - m(x_i, s_i, \theta(s_i))\}m'(x_i, s_i, \theta(s))K_h(s_i - s) -$$

$$\frac{1}{n}\sum_{i=1}^{n}\{m(x_i, s_i, \theta(s_i)) - m(x_i, s_i, \theta(s))\}m'(x_i, s_i, \theta(s))K_h(s_i - s)$$

$$\approx -\frac{1}{n}\sum_{i=1}^{n}\{y_i - m(x_i, s_i, \theta(s_i))\}m'(x_i, s_i, \theta(s))K_h(s_i - s) -$$

$$\frac{1}{n}\sum_{i=1}^{n}m'(x_i, s_i, \theta(s))m'(x_i, s_i, \theta(s))^T\theta'(s)(s_i - s)K_h(s_i - s)$$

$$E[m'(x_i, s_i, \theta(s))m'(x_i, s_i, \theta(s))^T\theta'(s)(s_i - s)K_h(s_i - s)]$$

$$= \int m'(x_i, s_i, \theta(s))m'(x_i, s_i, \theta(s))^T\theta'(s)(s_i - s)K_h(s_i - s)f(x_i, s_i)\mathrm{d}x_i\mathrm{d}s_i$$

$$= \int \Omega(s_i)\theta'(s)(s_i - s)K_h(s_i - s)f(s_i)\mathrm{d}s_i$$

$$= h\int \Omega(s + hv)\theta'(s)vK(v)f(s - hv)\mathrm{d}v$$

$$= h\int[\Omega(s) + \Omega'(s)hv]\theta'(s)vK(v)[f(s) + f'(s)hv]\mathrm{d}v + o_p(h^2)$$

$$= h^2\int[\Omega'(s)f(s) + \Omega(s)f'(s)]\theta'(s)v^2K(v)\mathrm{d}v + o_p(h^2)$$

$$= h^2 B(s)\mu_2 + o_p(h^2)$$

令 $L^*(\theta) = -\frac{1}{n}\sum_{i=1}^{n}\{y_i - m(x_i, s_i, \theta(s_i))\}m'(x_i, s_i, \theta(s))K_h(s_i - s)$。则，

$$L(\theta(s)) = L^*(\theta(s)) + h^2 B(s)\mu_2 + o_p(h^2)$$

与 Cai、Fan 和 Yao（2000）文献中定理 2 的证明类似，通过运用 small-block 和 large-block 技术以及 Cramer-Wold 机制，我们可以得到：

$$\sqrt{nh}\, L^*(\theta(s)) \xrightarrow{L} N(0, D)$$

$$\sqrt{nh}\{\hat{\theta}(s) - \theta(s) - h^2\Omega^{-1}(s)B(s)\mu_2\}$$

$$= \left\{\frac{1}{n}\sum_{i=1}^{n} m'(x_i, s_i, \theta(s))m'(x_i, s_i, \theta(s))^T K_h(s_i - s)\right\}^{-1} \sqrt{nh}\, L^*\theta(s) \xrightarrow{L} N(0, \Omega^{-1}(s)D\Omega^{-1}(s))$$

下面，我们来计算协方差矩阵 D。首先用 $l_{i,j}$ 来表示向量 $l_i = \{y_i - m(x_i, s_i, \theta(s_i))\}m'(x_i, s_i, \theta(s))$ 的第 j 个元素。

$$D = \mathrm{Var}\left(\frac{\sqrt{nh}}{n}\sum_{i=1}^{n}\{y_i - m(x_i, s_i, \theta(s_i))\}m'(x_i, s_i, \theta(s))K_h(s_i - s)\right)$$

$$= \mathrm{Var}\left(\frac{\sqrt{nh}}{n}\sum_{i=1}^{n} l_i K_{h,i}\right)$$

$$= hE[l_i l'_i K_{h,i}^2] + \frac{2h}{n}\sum_{i=1}^{n}\sum_{k=1}^{n-i} E[l_i l_{i+k} K_{h,i} K_{h,i+k}]$$

$$E[l_i l'_i K_{h,i}^2]$$

$$= E[\{y_i - m(x_i, s_i, \theta(s_i))\}^2 m(x_i, s_i, \theta(s_i))m'(x_i, s_i, \theta(s_i))K_h^2(s_i - s)]$$

$$= E[\varepsilon_i^2 m(x_i, s_i, \theta(s_i))m'(x_i, s_i, \theta(s_i))K_h^2(s_i - s)]$$

$$= E[\Omega^*(s_i)K_h^2(s_i - s)]$$

$$= f(s)\Omega^*(s)v_1$$

接下来的工作是计算 $\frac{2}{n}\sum_{i=1}^{n}\sum_{k=1}^{n-i} E[l_i l_{i+k} K_{h,i} K_{h,i+k}]$，让 $d_n \to \infty$ 代表一个正整数序列使得 $d_n h_n \to 0$。定义

$$J_1 = \sum_{k=1}^{d_n - 1}\left|Cov(l_1, l_{k+1})\right|, \quad J_2 = \sum_{k=d_n}^{n-1}\left|Cov(l_1, l_{k+1})\right|$$

我们需要证明 $J_1 = o(h^{-1})$ 和 $J_2 = o(h^{-1})$。

因为 $K(\cdot)$ 的值域为［0，1］，ϕ_1、ϕ_2 在 $s \in [s_0 - h, s_0 + h]$ 领域内是有界的，转换函数的值域同样为［0，1］。令 $B = \max_{1<j<p, i=1,2}\sup_{|s-s_0|<h}\left|\phi_{i,j}\right|$ 并且 $g(x) = \sum_{j=1}^{p}\left|x_j\right|$。我们可得 $\sup_{|s-s_0|<h}\left|m(x_i, s_i, \theta)\right| \leqslant \mathrm{B}g(x)$。根据假设，

$$\begin{aligned}\left|Cov(l_1,l_{k+1})\right| &\leqslant \mathrm{C}E[\left|m'(x_i,s_i,\theta)m'(x_i,s_i,\theta)^T\right|\{|Y_1|+Bg(x_1)\}\times\\ &\qquad \{|Y_{l+1}|+Bg(x_{l+1})\}K_h(s_1-s_0)K_h(s_{l+1}-s_0)]\\ &\leqslant \mathrm{C}E[\left|m'(x_i,s_i,\theta)m'(x_i,s_i,\theta)^T\right|\{M_1+B^2g^2(x_1)\}^{1/2}\times\\ &\qquad \{M_1+B^2g^2(x_{l+1})\}^{1/2}K_h(s_1-s_0)K_h(s_{l+1}-s_0)]\\ &\leqslant \mathrm{C}E[\left|m'(x_i,s_i,\theta)m'(x_i,s_i,\theta)^T\right|\{1+g(x_1)\}\{1+g(x_{l+1})\}]\\ &\leqslant C\end{aligned}$$

通过选择合适的 d_n，可得

$$J_1 \leqslant \mathrm{C}d_n = o(h^{-1})$$

接下来，我们考察 J_2 的上界。通过 Davydov 不等式，对

$$\left|Cov(l_{1,j},l_{k+1,m})\right| \leqslant \mathrm{C}[\alpha(k)]^{1-2/\delta}[E|l_j|^{\delta}]^{1/\delta}[E|l_m|^{\delta}]^{1/\delta}$$

$$\begin{aligned}E\left[|Z_j|^{\delta}\right] &\leqslant \mathrm{C}E\left[|x_j|^{\delta}K_h^{\delta}(s-s_0)\{|Y|^{\delta}+B^{\delta}g^{\delta}(x_j)\}\right]\\ &\leqslant \mathrm{C}E\left[|x_j|^{\delta}K_h^{\delta}(s-s_0)\{M_2+B^{\delta}g^{\delta}(x_j)\}\right]\\ &\leqslant \mathrm{C}h^{1-\delta}E\left[|x_j|^{\delta}\{M_2+B^{\delta}g^{\delta}(x_j)\}\right]\\ &\leqslant \mathrm{C}h^{1-\delta}\end{aligned}$$

选择 d_n 使得 $h^{1-2/\delta}d_n^c = C$ 和 $d_n h_n \to 0$ 成立，则

$$J_2 \leqslant \mathrm{C}h^{2/\delta-2}\sum_{k=d_n}^{\infty}[\alpha(k)]^{1-2/\delta} \leqslant \mathrm{C}h^{2/\delta-2}d_n^{-c}\sum_{k=d_n}^{\infty}k^c[\alpha(k)]^{1-2/\delta} = o(h^{-1})$$

所以，

$$D = f(s)\Omega^*(s)v_1$$

证明完毕。

4.7.2 第二阶段

引理 1 证明：

$$\begin{aligned}&E[m'(x_i,s_i,\theta(s_0))m'(x_i,s_i,\theta(s_0))^T\theta'(s_0)(s_i-s_0)K_h(s_i-s_0)]\\ &=\int m'(x_i,s_i,\theta(s_0))m'(x_i,s_i,\theta(s_0))^T\theta'(s_0)(s_i-s_0)K_h(s_i-s_0)f(x_i,s_i)\mathrm{d}x_i\mathrm{d}s_i\\ &=\int \Omega(s_i)\theta'(s_0)(s_i-s_0)K_h(s_i-s_0)f_s(s_i)\mathrm{d}s_i\\ &=h\int \Omega(s_0+hv)\theta'(s_0)vK(v)f_s(s_0-hv)\mathrm{d}v\\ &=h\int[\Omega(s_0)+\Omega'(s_0)hv]\theta'(s_0)vK(v)[f_s(s_0)+f_{s'}(s_0)hv]\mathrm{d}v+o_p(h^2)\\ &=h^2\int[\Omega'(s_0)f_s(s_0)+\Omega(s_0)f_{s'}(s_0)]\theta'(s_0)v^2K(v)\mathrm{d}v+o_p(h^2)\end{aligned}$$

$$= h^2 R(s_0)\mu_2 + o_p(h^2)$$

$$\begin{aligned} E[Z(s_0,\xi_j)] &= E[\{y_j - m(x_j,s_j,\theta(s_0))\}m'(x_j,s_j,\theta(s_0))K_h(s_j - s_0)] \\ &= E[\{y_j - m(x_j,s_j,\theta(s_j))\}m'(x_j,s_j,\theta(s_0))K_h(s_j - s_0)] + \\ &\quad E[\{m(x_j,s_j,\theta(s_j)) - m(x_j,s_j,\theta(s_0))\}m'(x_j,s_j,\theta(s_0))K_h(s_j - s_0)] \\ &= E[m'(x_j,s_j,\theta(s_0))m'(x_j,s_j,\theta(s_0))^T\theta'(s_0)(s_j - s_0)K_h(s_j - s_0)] \\ &= h^2 R(s_0)\mu_2 + o(h^2) \end{aligned}$$

$$\begin{aligned} \gamma_n &= E^{\otimes}T_n(\xi_i,\xi_j) \\ &= \int\int[e_1^T B^{-1}(\xi_i)Z(\xi_i,\xi_j) + e_1^T B^{-1}(\xi_j)Z(\xi_j,\xi_i)]\mathrm{d}F(\xi_i)\mathrm{d}F(\xi_j) \\ &= 2e_1^T\int\int B^{-1}(\xi_i)Z(\xi_i,\xi_j)\mathrm{d}F(\xi_i)\mathrm{d}F(\xi_j) \\ &= 2e_1^T\int B^{-1}(\xi_i)h^2R(\xi_i)\mu_2\mathrm{d}F(\xi_i) + o(h^2) \\ &= h^2\mu_2R^* + o(h^2) \end{aligned}$$

$$\begin{aligned} E[T_n(v,\xi_j)] &= E[e_1^T B^{-1}(v)Z(v,\xi_j)] + E[e_1^T B^{-1}(\xi_j)Z(\xi_j,v)] \\ &= E[e_1^T B^{-1}(\xi_j)Z(\xi_j,v)] + o(h^2) \\ &= E[e_1^T B^{-1}(\xi_j)\varphi(\xi_j,v)K_h(v - s_j)] + o(h^2) \\ &= e_1^T B^{-1}(v)\varphi(v,v)f_s(v) + o(h) \end{aligned}$$

$$\varphi(s_0,\xi_j) = \{y_j - m(x_j,s_j,\theta(s_0))\}m'(x_j,s_j,\theta(s_0))$$

引理 2 证明：

（1）显然，$E[h_n^{(1)}(\xi_i)] = 0$ 成立。

（2）
$$\begin{aligned} Var(h_n^{(1)}(\xi_i)) &= E[e_1^T B^{-1}(\xi_i)\varphi(\xi_i,\xi_i)f_s(\xi_i)]^2 + o(h^2) \\ &= E[e_1^T\Omega^{-1}(s_i)m'(x_i,s_i,\theta(s_i))m'(x_i,s_i,\theta(s_i))^T\Omega^{-1}(s_i)e_1\sigma^2] + o(h^2) \\ &= \sum\nolimits_{\phi} + o(h^2) \end{aligned}$$

（3）
$$\begin{aligned} Cov(h_n^{(1)}(\xi_1),h_n^{(1)}(\xi_{m+1})) &= E[h_n^{(1)}(\xi_1),h_n^{(1)}(\xi_{m+1})] \\ &= E[e_1^T\Omega^{-1}(s_1)m'(x_1,s_1,\theta(s_1))m'(x_{m+1},s_{m+1},\theta(s_{m+1}))^T \times \\ &\quad \Omega^{-1}(s_{m+1})e_1\varepsilon_1\varepsilon_{m+1}] + o(h^2) \\ &= Cov(W_1,W_{m+1}) + o(1) \\ &\leqslant C\alpha(m) \end{aligned}$$

引理 3 证明：

（1）根据引理 2，$E[H_n^{(1)}] = 0$ 显然成立。

（2）
$$\begin{aligned} n\,Var(H_n^{(1)}) &= E[e_1^T\Omega^{-1}(s_1)\Omega^*(s_1)^{-1}\Omega^{-1}(s_1)e_1] + 2\sum_{k=1}^{n-1}(1 - \frac{k}{n})Cov(h_n^{(1)}(\xi_1),h_n^{(1)}(\xi_{k+1})) \\ &= \sum\nolimits_{\phi} + o(1) \end{aligned}$$

(3) $E\left|h_n^{(1)}(\xi_i)\right|^4 \leqslant \mathrm{CE}\left|e_1^T\Omega^{-1}(s_1)\varphi(\xi_i,\xi_i)\right|^4$

$$\leqslant \mathrm{CE}\left|e_1^T\Omega^{-1}(s_1)\varphi(\xi_i,\xi_i)\varphi^T(\xi_i,\xi_i)\Omega^{-1}(s_1)e_1\right|^2$$

$$\leqslant C$$

(4) $E\left|h_n^{(2)}(\xi_i,\xi_j)\right|^2 \leqslant \mathrm{CE}\left|T_n(\xi_i,\xi_j)-e_1^TB^{-1}(\xi_i)\varphi(\xi_i,\xi_i)f(\xi_i)-e_1^TB^{-1}(\xi_j)\varphi(\xi_j,\xi_j)f(\xi_j)\right|^2$

$$\leqslant \mathrm{C}\{E\left|T_n(\xi_i,\xi_j)\right|^2+E[e_1^TB^{-1}(\xi_i)\varphi(\xi_i,\xi_i)f(\xi_i)]^2+E[e_1^TB^{-1}(\xi_j)\varphi(\xi_j,\xi_j)f(\xi_j)]^2\}$$

$$\leqslant \mathrm{C}\{E\left|T_n(\xi_i,\xi_j)\right|^2+E[e_1^T\Omega^{-1}(\xi_i)\varphi(\xi_i,\xi_i)]^2+E[e_1^T\Omega^{-1}(\xi_j)\varphi(\xi_j,\xi_j)]^2\}$$

$$\leqslant \mathrm{C}\{E\left|T_n(\xi_i,\xi_j)\right|^2+2E[e_1^T\Omega^{-1}(\xi_i)\varphi(\xi_i,\xi_i)]^2\}^2$$

$$\leqslant \mathrm{CE}\left|T_n(\xi_i,\xi_j)\right|^2+C_1$$

$$E\left|T_n(\xi_i,\xi_j)\right|^2=E\{e_1^TB^{-1}(\xi_i)Z(\xi_i,\xi_j)+e_1^TB^{-1}(\xi_j)Z(\xi_j,\xi_i)\}^2$$

$$\leqslant \mathrm{CE}\left|e_1^TB^{-1}(\xi_i)Z(\xi_i,\xi_j)\right|^2$$

$$\leqslant \mathrm{CE}[e_1^TB^{-1}(\xi_i)Z(\xi_i,\xi_j)Z^T(\xi_i,\xi_j)B^{-1}(\xi_i)e_1]$$

$$=Ce_1^TE\{E[B^{-1}(\xi_i)Z(\xi_i,\xi_j)Z^T(\xi_i,\xi_j)B^{-1}(\xi_i)|\xi_i]\}e_1$$

$$=O(h^{-1})$$

定理 3 证明：

我们只需证明 $T_n(\xi_i,\xi_j)$ 是否满足 Dette 和 Spreckelsen（2004）文献中定理 2 的前提假设。根据引理 2 和引理 3，Dette 和 Spreckelsen（2004）文献中定理 2 的条件 2 得以满足。下面我们来验证 Dette 和 Spreckelsen（2004）文献中定理 2 的条件 1 是否得以满足。

$$E\left|T_n(\xi_i,\xi_j)T_n(\xi_k,\xi_l)\right|^{1+\delta}\leqslant[E\left|T_n(\xi_i,\xi_j)\right|^{\zeta(1+\delta)}]^{\frac{1}{\zeta}}[E\left|T_n(\xi_k,\xi_l)\right|^{\eta(1+\delta)}]^{\frac{1}{\eta}}$$

$$E\left|T_n(\xi_i,\xi_j)\right|^{\zeta(1+\delta)}=E\left|e_1^TB^{-1}(\xi_i)Z(\xi_i,\xi_j)+e_1^TB^{-1}(\xi_j)Z(\xi_j,\xi_i)\right|^{\zeta(1+\delta)}$$

$$\leqslant \mathrm{C}\{E\left|e_1^TB^{-1}(\xi_i)Z(\xi_i,\xi_j)\right|^{\zeta(1+\delta)}+E\left|e_1^TB^{-1}(\xi_j)Z(\xi_j,\xi_i)\right|^{\zeta(1+\delta)}\}$$

$$\leqslant \mathrm{CE}\left|e_1^TB^{-1}(\xi_i)Z(\xi_i,\xi_j)\right|^{\zeta(1+\delta)}$$

$$=CE\left|e_1^TB^{-1}(\xi_i)\varphi(\xi_i,\xi_j)K_h(s_j-s_i)\right|^{\zeta(1+\delta)}$$

$$=O(h^{-\zeta(1+\delta)})$$

同样，我们可以得到 $E\left|T_n(\xi_k,\xi_l)\right|^{\eta(1+\delta)}=O(h^{-\eta(1+\delta)})$。因此，有

$$\sup_{i\neq j,k\neq l,j\neq l}E\left|T_n(\xi_i,\xi_j)T_n(\xi_k,\xi_l)\right|^{1+\delta}=O(h^{-2(1+\delta)})$$

$$\sup_{i\neq j,k\neq l,j\neq l}E^{1\otimes}\left|T_n(\xi_i,\xi_j)T_n(\xi_k,\xi_l)\right|^{1+\delta}=O(h^{-(1+\delta)})$$

$$\sup_{i\neq j,k\neq l,j\neq l} E^{3\otimes}\left|T_n(\xi_i,\xi_j)T_n(\xi_k,\xi_l)\right|^{1+\delta}=O(h^{-(1+\delta)})$$

$$\sup_{i\neq j,i\neq l,j\neq l} E^{2\otimes}\left|T_n(\xi_i,\xi_j)T_n(\xi_i,\xi_l)\right|^{1+\delta}=O(h^{-(1+\delta)})$$

因此，$C_n=O(h^{-2(1+\delta)})$，Dette 和 Spreckelsen（2004）文献中定理 2 的条件 1 得以满足。这样，我们可以得到

$$\frac{V_n-\gamma_n}{\sqrt{Var(V_n)}}\xrightarrow{d}N(0,1)$$

或

$$\frac{V_n-\gamma_n}{\sqrt{\frac{4}{n}Var(h_n^{(1)}(\xi_1))}}\xrightarrow{d}N(0,1)$$

即

$$\sqrt{n}[\tilde{\phi}-\phi-B_\phi]\xrightarrow{d}N(0,\sum\nolimits_\phi)$$

式中：$B_\phi=h^2\mu_2R^*$；$\sum_\phi=E[e_1^T\Omega^{-1}(s_1)\Omega^*(s_1)^{-1}\Omega^{-1}(s_1)e_1]$。

4.7.3 第三阶段

定理 4 证明：

$$\begin{aligned}0&=\hat{L}(\tilde{f}(s_0))\\&=L(\tilde{f}(s_0))\{1+o(1)\}\\&=L(f(s_0))\{1+o(1)\}+\\&\quad\frac{1}{n}\sum_{i=1}^n m'(x_i,f^*(s_0);\ \phi)^2K_h(s_i-s_0)\{\hat{f}(s_0)-f(s_0)\}\{1+o(1)\}-\\&\quad\frac{1}{n}\sum_{i=1}^n\{y_i-m(x_i,f^*(s_0);\ \phi)\}m''(x_i,f^*(s_0);\ \phi)K_h(s_i-s_0)\times\{\hat{f}(s_0)-f(s_0)\}\{1+o(1)\}\\&\approx \mathrm{L}(f(s_0))+\frac{1}{n}\sum_{i=1}^n m'(x_i,f(s_0);\ \phi)^2K_h(s_i-s_0)\{\hat{f}(s_0)-f(s_0)\}-\\&\quad\frac{1}{n}\sum_{i=1}^n\{y_i-m(x_i,f(s_0);\ \phi)\}m''(x_i,f(s_0);\ \phi)K_h(s_i-s_0)\times\{\hat{f}(s_0)-f(s_0)\}\end{aligned}$$

第三项是第二项的高阶无穷小，可以渐近忽略不计。并且，

$$\sup_{s\in S}\left|\frac{1}{n}\sum_{i=1}^n m'(x_i,f(s_0);\ \phi)^2K_h(s_i-s)-E[m'(x_i,f(s_0);\ \phi)^2]\right|$$

$$=O_p[h^2+\{\log(nh)/nh\}^{1/2}]$$

$$L(f(s_0))=-\frac{1}{n}\sum_{i=1}^n\{y_i-m(x_i,f(s_0);\ \phi)\}m'(x_i,f(s_0);\ \phi)K_h(s_i-s_0)$$

$$=-\frac{1}{n}\sum_{i=1}^{n}\{y_i-m(x_i,f(s_i);\ \phi)+m(x_i,f(s_i);\ \phi)-m(x_i,f(s_0);\ \phi)\}m'(x_i,f(s_0);\ \phi)K_h(s_i-s_0)$$

$$=-\frac{1}{n}\sum_{i=1}^{n}\{y_i-m(x_i,f(s_i);\ \phi)\}m'(x_i,f(s_0);\ \phi)K_h(s_i-s_0)-$$

$$\frac{1}{n}\sum_{i=1}^{n}\{m(x_i,f(s_i);\ \phi)-m(x_i,f(s_0);\ \phi)\}m'(x_i,f(s_0);\ \phi)K_h(s_i-s_0)$$

$$\approx-\frac{1}{n}\sum_{i=1}^{n}\{y_i-m(x_i,f(s_i);\ \phi)\}m'(x_i,f(s_0);\ \phi)K_h(s_i-s_0)-$$

$$\frac{1}{n}\sum_{i=1}^{n}m'(x_i,f(s_0);\ \phi)^2f'(s_0)(s_i-s_0)K_h(s_i-s_0)-$$

$$\frac{1}{n}\sum_{i=1}^{n}\{m''(x_i,f(s_0);\ \phi)f'(s_0)+m'(x_i,f(s_0);\ \phi)f''(s_0)\}\times$$

$$m'(x_i,f(s_0);\ \phi)(s_i-s_0)^2K_h(s_i-s_0)$$

下面，我们分别考察等式右边第二项和第三项，

$$E[m'(x_i,f(s_0);\ \phi)^2f'(s_0)(s_i-s_0)K_h(s_i-s_0)]=0$$

$$E[\{m''(x_i,f(s_0);\ \phi)f'(s_0)+m'(x_i,f(s_0);\ \phi)f''(s_0)\}\times m'(x_i,f(s_0);\ \phi)(s_i-s_0)^2K_h(s_i-s_0)]$$

$$=W(s_0)E[(s_i-s_0)^2K_h(s_i-s_0)]$$

$$=W(s_0)\int(s_i-s_0)^2K_h(s_i-s_0)\mathrm{d}s_i$$

$$=h^2W(s_0)\int v^2K(v)\mathrm{d}v$$

$$=h^2W(s_0)\mu_2$$

式中： $W(s_0)=\int\{m''(x_i,f(s_0);\ \phi)f'(s_0)+m'(x_i,f(s_0);\ \phi)f''(s_0)\}\times m'(x_i,f(s_0);\ \phi)f_{X|S}(x_i)dx_i$。

令 $L^*(\theta)=-\frac{1}{n}\sum_{i=1}^{n}\{y_i-m(x_i,f(s_i);\ \phi)\}m'(x_i,f(s_0);\ \phi)K_h(s_i-s_0)$，则：

$$L(f(s_0))=L^*(f(s_0))+h^2W(s_0)\mu_2+o_p(h^2)$$

与定理2的证明类似，我们可以得到

$$\sqrt{nh}\,L^*(f(s_0))\xrightarrow{L}N(0,D(s))$$

$$\sqrt{nh}\,\{\tilde{f}(s)-f(s)-h^2W(s)\mu_2)\}$$

$$=\left\{\frac{1}{n}\sum_{i=1}^{n}m'(x_i,f(s_0);\ \phi);\ \phi)^2K_h(s_i-s)\right\}^{-1}\sqrt{nh}\,L^*(\theta(s)\xrightarrow{L}N(0,\hat{\Omega}^{-1}(s)D(s)\hat{\Omega}^{-1}(s))$$

式中： $D=f(s_0)\hat{\Omega}^*(s_0)v_1$。

5 人民币实际汇率预测的实证研究

5.1 引言

1994 年 1 月 1 日，为配合经济体制改革，我国对人民币汇率体制进行了改革，将外汇调剂价格与官方汇率并轨，自此开启了人民币汇率制度向市场化迈进的路程。然而这一过程几经波折，多次面临严峻挑战。1997 年底，东南亚经济危机爆发，中国经济面临通货紧缩和人民币贬值双重压力，中国人民银行（以下简称“央行”）宣布人民币不贬值，采用盯住汇率制。2005 年 7 月 21 日，央行发布公告，实行以市场供求为基础、参考一篮子货币进行调节、有管理的浮动汇率制度，进一步深化市场化汇率机制改革。2008 年 8 月，为了应对次贷危机，我国采取了临时性的盯住美元的汇率政策，适当减小了人民币汇率波动范围。央行又在 2010 年 6 月 19 日重启汇率改革，继续推进人民币汇率市场化改革，增强汇率波动弹性。与此同时，美联储为缓和美国国内经济危机、促进就业，启动新一轮的量化宽松货币政策，增加了经济变动的不确定性因素。可以预见，今后我国将面临更加复杂的经济环境，人民币汇率的波动幅度会进一步加剧，这将使得人民币汇率问题再次被推到风口浪尖上，成为世人关注的焦点。对政府政策制定部门而言，如何准确地估计汇率变动趋势，为未来政策的制定提供依据，以达到控制通货膨胀、减少经济波动、保持经济增长的目标，是一个重要课题；对企业生产部门而言，对汇率未来变动趋势的判断正确与否，也会影响企业风险控制能力和国际竞争能力；对投资者而言，对汇率走势的正确把握，也为投资方向和风险管理提供有益的信息。因此，构造合理的预测模型，正确预测人民币汇率走势，对政府、企业及投资者来说具有十分重要的现实意义。

在 20 世纪 70 年代以前，购买力平价（PPP）理论一直占据着汇率理论的核心地位。然而，在布雷顿森林货币体系解体之后，大量实证研究发现，汇率对 PPP 值的偏离表现为非平稳的行为特征，而且实际汇率的均值恢复速度太慢，对 PPP 值的偏离显示出高度的持久性。其后，经学家从其他角度对汇率问题进行了深入研究，如 Mussa（1979）的新闻模型和 Blanchard（1979）的理性投机泡沫模型。遗憾的是，这些理论对汇率的解释无法令人满意。Meese 和 Rogoff（1983）的经典文献可被看作汇率研究的转折点，他们研究了 1973 年 3 月到 1981 年 6 月的 4 种汇率，发现按照汇率理论建立的结构计量模型的预测能力十分低下，甚至，它们的预测能力都不如最简单的随机游走模型。在此之后，各种时间序列模型被广泛地应用于汇率的研究。通常，这些时间序列模型采用线性形式。然而，大量的实证研究发现汇率序列具有非线性特征，比如，Westerfield（1977）、Boothe 和 Glassman（1987）、Diebold 和 Nerlove（1989）、Cumby 和 Obstfeld（1984）以及 Engle（1993）用不同的方法发现序列的非线性特征。这就使得线性时间序列模型不具有很好的样本外预测表现。

这些研究加深了经济学家对汇率形成复杂性的认识，促进了非线性和非参数技术在汇率研究方面的发展和运用，其中一个重要标志就是区制转换模型得到不断发展，逐步完善，成为成熟的理论体系。特别是平滑转换自回归（STAR）模型，由于其在描述汇率动态特性方面具有优势，受到了越来越多的关注，也得到了越来越广泛的应用。Michael、Nobay 和 Peel（1997）研究了 1980 年第一季度至 1996 年第四季度英镑分别兑美元、法郎、马克的实际汇率，这些汇率数据拒绝了线性假设，接受了 ESTAR 模型。Sarantis（1999）对 10 个主要工业国家的实际有效汇率进行非线性检验，发现 8 个国家汇率走势呈现非线性，接受 STAR 模型。最后，针对样本外预测方面的表现，他将 STAR 模型和线性模型做了比较，结果显示 STAR 模型并没有明显地优于线性模型。Stock 和 Watson（1999）将 STAR 模型应用于预测多组美国月度宏观数据，结果显示，大多数情况下 STAR 模型的样本外预测能力不及线性模型，但却比神经网络模型要好。Boero 和 Marrocu（2002）用多个汇率收益率数据来比较不同模型的预测结果，发现 STAR 模型的样本外预测能力不及线性模型，但在不同的样本期间分开预测时，非线性模型的预测能力则超过线性模型。Terasvirta、van Dijk 和 Medeiros（2005）用 G7 经济体 47 个宏观经济变量比较 AR 模型、STAR 模型和神经网络模型的预测能力，发现在进行点预测时，STAR 模型的预测能力好于 AR 模型。Rapach 和 Wohar（2006）在比较不同模型对美元实际汇率样本外预测能力时，发现在短期预测方面，STAR 模型的预测效果与 AR 模型的预测效果基本相似，而在长期预测方面，STAR 模型的预测效果则优于 AR 模型。

近几年我国学者也用 STAR 模型对中国的汇率进行了研究。谢赤、戴克维和刘潭秋（2005）研究了 1980 年 1 月至 1998 年 12 月人民币兑美元实际汇率的动态行为，发现以对数函数为转换方程的 STAR 模型可以有效地描述上述数据。王璐（2007）采用 STAR 模型对人民币、港币、日元以及英镑进行建模，发现只有人民币服从非对称的 LSTAR 模型，而其他三种货币汇率均服从对称的 ESTAR 模型。刘柏和赵振全（2008）用 STAR 模型研究了 1996 年 1 月至 2008 年 3 月的人民币实际汇率，结果显示中国实际汇率走势是非线性的，并且显示了非对称性。

以上研究表明，STAR 模型能够很好地描述数据在不同机制之间平滑转换的非线性特征，特别是通过对中国汇率进行研究，发现人民币汇率数据符合对数形式的转化方程的 STAR 模型，这说明人民币汇率呈现非对称的转化机制，而这一现象正是由于人民币汇率长期受中国政府的管理和控制造成的。但是，现有的 STAR 模型理论依赖一些先验的函数形式假设，存在模型误设的风险，制约实证分析研究，从而影响模型预测的效果。本书将非参数方法和 STAR 模型结合起来首次提出半参数 STAR 模型，既保留了 STAR 模型良好的经济学解释能力，又解决了模型误设问题，提高了模型的预测能力。运用半参数 STAR 模型，我们对 1994 年 1 月到 2012 年 7 月间的人民币实际有效汇率进行了研究，发现半参数 STAR 模型能够很好地描述人民币汇率在不同机制之间的非线性转换，而且具有良好的样本外预测能力。

5.2 数据描述

5.2.1 基本概念

名义汇率（nominal rate of exchange）也可以称作双国汇率。它是一种货币以另一种货币为基础的价格，可以表示为本国货币的外币价格，也可以表示为外国货币的本币价格。名义汇率通常有一个买价与卖价的差价，即货币兑换比率，它可能由市场决定，也可能由官方制定。

实际汇率（real exchange rate）是指在名义汇率的基础上剔除了通货膨胀因素后的汇率。关于实际汇率的定义有很多种，最普通的定义是两国商品和劳务的相对价格，即相对于本国的商品和劳务而言，外国商品和劳务以本币表示的价格，也就是用两国价格水平对名义汇率进行调整后的汇率，即 eP^*/P 。其中， e 为直接标价法的名义汇率，即用本币表示的外币价格， P^* 为以外币表示的外国商品价格水平， P 为以本币表示的本国商品价格水平。实际汇率反映了以同种货币表示的两国商品的相对价格水平，从而反映了本国商品的国际竞争力。若实际汇率上升，意味着外国商品和劳务的本币价格相对上涨，本币在外国的购买力相对下降，本币实际贬值，外币实际升值；若实际汇率下降，意味着外国商品和劳务的本币价格相对下降，本币在外国的购买力相对上升，本币实际升值，外币实际贬值。

有效汇率是一种加权平均汇率，通常以对外贸易比重为权数。有效汇率是一个非常重要的经济指标，通常被用来度量一个国家贸易商品的国际竞争力，也可以被用来研究货币危机的预警指标，还可以被用来研究一个国家相对于另一个国家居民生活水平的高低。在具体的实证过程中，人们通常将有效汇率区分为名义有效汇率（nominal effective exchange rate，NEER）和实际有效汇率（real effective exchange rate，REER）。一国的名义有效汇率等于其货币与所有贸易伙伴国货币双边名义汇率的加权平均数，如果剔除通货膨胀对各国货币购买力的影响，就可以得到实际有效汇率。

实际有效汇率不仅考虑了所有双边名义汇率的相对变动情况，而且还剔除了通货膨胀对货币本身价值变动的影响，能够综合地反映本国货币的对外价值和相对购买力。目前，通行的加权平均方法包括算术加权平均和几何加权平均两种。在测算有效汇率时，研究人员往往根据自己的特殊目的来设计加权平均数的计算方法、样本货币范围和贸易权重等相关参数，得出的结果可能存在一定的差异。

下面介绍一种实际有效汇率的计算方法：

$$REER_i = \prod_{j=1}^{N} [RER_{ij}]^{W''_{ij}} \tag{5-1}$$

式中：$REER_i$ 为 i 国的实际有效汇率；RER_{ij} 为 i 国货币对 j 国货币的实际汇率；W_{ij} 代表 i 国赋予 j 国的竞争力权重，通常用 j 国的贸易量占 i 国总贸易量的比例来表示，即：

$$W_{ij} = \frac{X_{ij} + M_{ij}}{\sum_{j=1}^{N}(X_{ij} + M_{ij})}$$

式中：X_{ij} 为 i 国对 j 国的出口额；M_{ij} 为 j 国从 i 国的进口额。

国际清算银行每月中旬公布各国名义有效汇率和实际有效汇率，据国际清算银行的公开资料显示，在最近一次的权重调整后，在该机构计算人民币有效汇率的一篮子货币中，日元、美元、欧元、韩元、港币以及台币这 6 个币种占据了 83.6%的权重。

5.2.2 变量构造

本书使用 1994 年 1 月到 2012 年 7 月的人民币实际有效汇率月度数据，共 222 个观察值。所有这些数据都来自国际清算银行（http://www.bis.org/）。我们用 Z_t 来表示第 t 个月的汇率值。从图 5-1（a）可以看出，人民币有效实际汇率序列带有明显的时间趋势。在 1%的置信水平下，ADF 检验和 KPSS 检验的结果表明，人民币有效实际汇率序列接受单位根的假设，是一个非平稳序列。我们继续验证其一阶差分序列，$Y_t = \log(Z_t) - \log(Z_{t-1})$。从图 5-1（b）中我们可以大致判断，$Y_t$ 是平稳过程。在 1%的置信水平下，ADF 检验和 KPSS 检验的结果表明，人民币有效实际汇率一阶序列拒绝单位根的假设，序列是平稳的。下面，我们将把人民币实际有效汇率一阶差分序列 Y_t 作为研究对象。

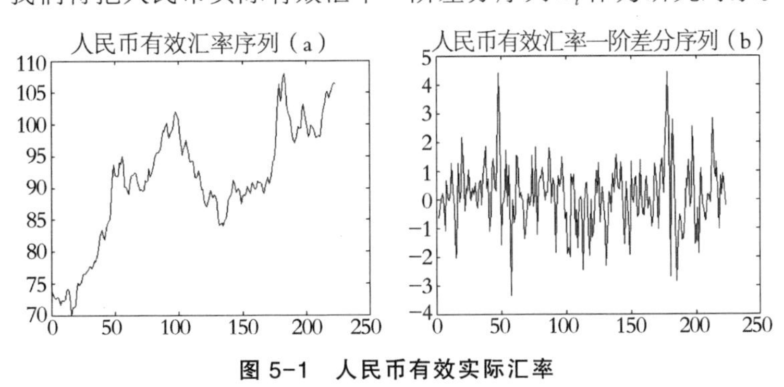

图 5-1 人民币有效实际汇率

5.3 实证分析

我们先估计 STAR 模型，在此基础上再估计半参数 STAR 模型。

5.3.1 STAR 模型的估计

按照 5.2 节介绍的模型设定方法，首先需要构造一个线性自回归模型。我们通过 AIC 准则来选择线性自回归模型的阶数，将滞后阶数的选择范围设定在 1~8 之间，结果列于表 5-1 中。从表 5-1 可以看到，当滞后阶数为 2 时，AIC 统计量的值达到最小，因此确定线性自回归模型的阶数为 2。

表 5-1 自回归模型的设定

滞后阶数（p）	AIC	滞后阶数（p）	AIC
1	3.020686	5	3.034797
2	3.007810	6	3.043994
3	3.008159	7	3.042200
4	3.021532	8	3.049923

线性自回归模型的估计结果如下所示：

$$y_t = \underset{(0.105)}{0.131} + \underset{(0.000)}{0.396} y_{t-1} - \underset{(0.021)}{0.156} y_{t-2} + \varepsilon_t$$

$$\hat{\sigma}_{AR} = 1.1738, \quad R^2 = 0.1387, \quad \bar{R}^2 = 0.1302$$

$$ARCH_{LM}(12) = 17.49142(0.132), \quad Q(12) = 12.973(0.371) \tag{5-2}$$

式中：ε_t 是残差项；$\hat{\sigma}_{AR}$ 为 ε_t 的标准差；括号中的数值是对应参数的 p 值；$ARCH_{LM}(12)$ 是对残差项的自回归条件异方差 ARCH-LM 检验，滞后阶数为 12；Q（12）是对残差项的自相关 Ljung-Box 检验，滞后阶数为 12，统计量后括号内的数值为相应的 p 值。

检验结果拒绝了残差序列存在异方差和自相关的假设，可以认为残差序列是白噪声过程，这为下一步非线性检验提供了保证。在该模型的基础上，我们对样本数据进行了拟合，拟合结果如图 5-2 所示。

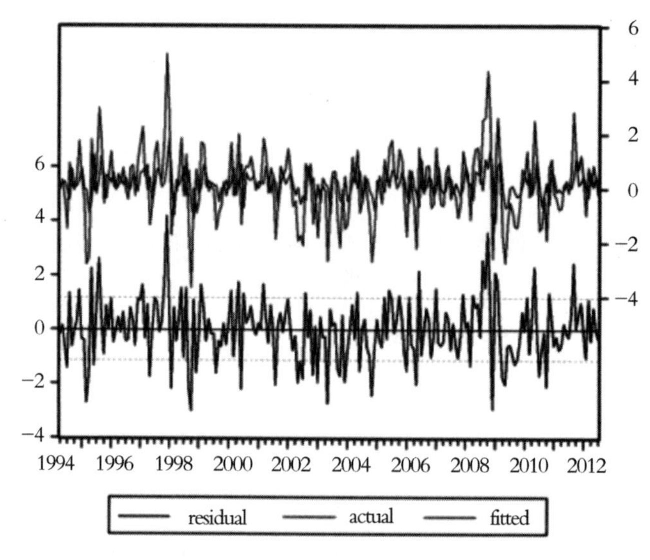

图 5-2 AR 模型的拟合图

接下来进行线性检验并选择延迟参数。我们选择 y_t 的滞后变量作为转换变量，并将延迟参数 d 的范围设定为 1～6 之间的整数，因为一般情况下实际汇率对未来实际汇率的影响在 6 个月的范围内。对于不同的 d，在公式（4-1）的原假设 H_0 下进行 LM 检验，检验结果见表 5-2。根据表 5-2，当转移变量为 y_t 的 2 阶滞后变量时，线性检验的 p 值最小，并且在 1%的置信水平下拒绝原假设，认为人民币实际有效汇率具有非线性特征，接受 STAR 模型。

表 5-2　　　　**线性检验与 STAR 模型的选择**

转换变量	线性检验				
	H_0	H_1	H_2	H_3	模型选择
y_{t-1}	0.25315	0.07098	0.99509	0.36922	linear
y_{t-2}	0.01645	0.07698	0.07667	0.07147	LSTAR1
y_{t-3}	0.13667	0.63561	0.12979	0.09685	linear
y_{t-4}	0.65941	0.37808	0.68692	0.49008	linear
y_{t-5}	0.29514	0.04139	0.74325	0.87545	linear
y_{t-6}	0.50996	0.22715	0.37726	0.84850	linear

最后，我们需要在 LSTAR 模型和 ESTAR 模型之间做出选择。为此我们进行嵌套检验，即对原假设 H_{01}、H_{02}、H_{03} 进行 LM 检验，检验结果列于表 5-2 中。根据表 5-2 的结果，按照 5.2 节介绍的方法，我们采用 LSTAR（1）模型。

在估计 STAR 模型时，Granger 和 Terasvirta（1993）建议在转换方程中用转换变量的标准差除以过渡参数 γ 以消除单位的影响，避免过渡参数 γ 的收敛速度慢和过度估计等问题。STAR 模型的估计结果如下所示：

$$y_t = (\underset{(0.1729)}{0.11426} + \underset{(0.0000)}{0.42318}\, y_{t-1} - \underset{(0.0720)}{0.15037}\, y_{t-2}) + (\underset{(0.0011)}{4.37423} - \underset{(0.9202)}{0.02043}\, y_{t-1} - \underset{(0.0015)}{1.48726}\, y_{t-2}) G(y_{t-2}) + \varepsilon_t \quad (5-3)$$

$$G(y_{t-2}) = \frac{1}{1 + \exp(-\underset{(0.5349)}{22.68059} / \sigma^2 (y_{t-2} - \underset{(0.0000)}{1.86072}))}$$

$\sigma_{LSTAR}=1.1469$， $\frac{\sigma_{LSTAR}}{\sigma_{AR}}=0.98$， $R^2=0.1981$， $\bar{R}^2=0.2018$

$ARCH_{LM}(12)=7.7080(0.8075)$， $Q(12)=8.0432(0.7817)$

从估计结果来看，数据对 SATR 模型的模拟要优于 AR 模型，LSTAR 模型残差的标准差 σ_{LSTAR} 比 AR 模型残差的标准差 σ_{AR} 要小，而且 LSTAR 模型的 R^2 和 $\bar{R}^2$ 比 AR 模型的要大一些，LSTAR 模型的 ARCH-LM 检验和 Ljung-Box 检验也拒绝了异方差和自相关的假设。图 5-3 是 STAR 模型对人民币实际有效汇率的拟合图。

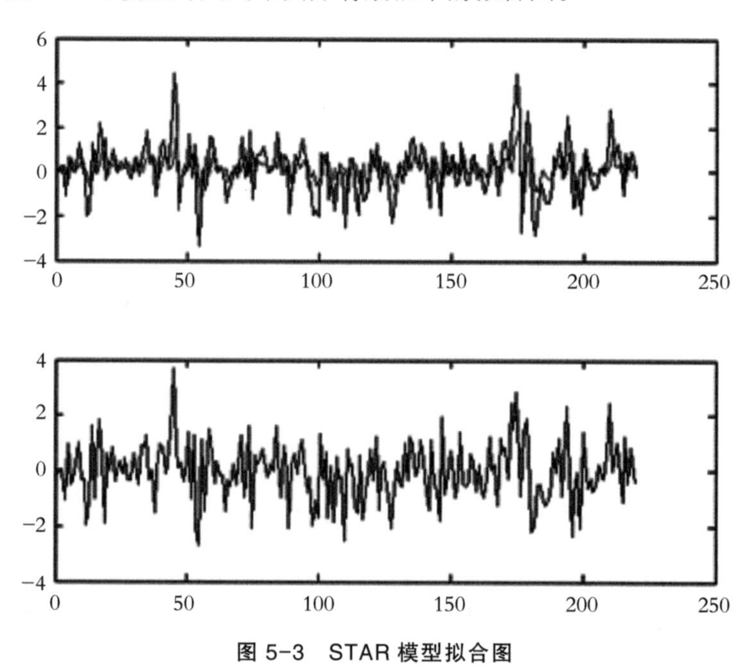

图 5-3 STAR 模型拟合图

5.3.2 半参数 STAR 模型的估计

半参数 STAR 模型的 AR 部分与 STAR 模型相同，但用非参数方法估计转换方程，具体模型如下所示：

$$y_t=\phi_{1,0}+\phi_{1,1}y_{t-1}+\phi_{1,2}y_{t-2}+(\phi_{2,0}+\phi_{2,1}y_{t-1}+\phi_{2,2}y_{t-2})G(y_{t-2})+\varepsilon_t \tag{5-4}$$

式中：$G(y_{t-2})=\frac{1}{1+\exp\{f(y_{t-2})\}}$。

根据 5.2 节介绍的半参数 STAR 模型的三阶段估计法，我们估计公式（5-4），估计值结果见表 5-3。从表 5-3 中可以看出，半参数

STAR 模型的残差标准差 $\hat{\sigma}_{SSTAR}$ 比 AR 模型和 STAR 模型的都小；半参数 STAR 模型的 ARCH-LM 检验和 Ljung-Box 检验拒绝了残差存在异方差和自相关的假设；R^2 也说明半参数 STAR 模型对数据的拟合更好。这里，我们同样给出半参数 STAR 模型对人民币有效实际汇率的拟合图，如图 5-4 所示。

表 5-3　　半参数 STAR 模型参数部分估计值

系数	$\phi_{1,0}$	$\phi_{1,1}$	$\phi_{1,2}$	$\phi_{2,0}$	$\phi_{2,1}$	$\phi_{2,2}$
估计值	0.1062	0.4981	−0.1240	4.8818	−0.0157	−1.4591

$\hat{\sigma}_{SSTAR}=0.0290, \sigma_{SSTAR}/\sigma_{AR}=0.88, R^2=0.2182$

$ARCH_{LM}(12)=7.892(0.793), Q(12)=14.420(0.275)$

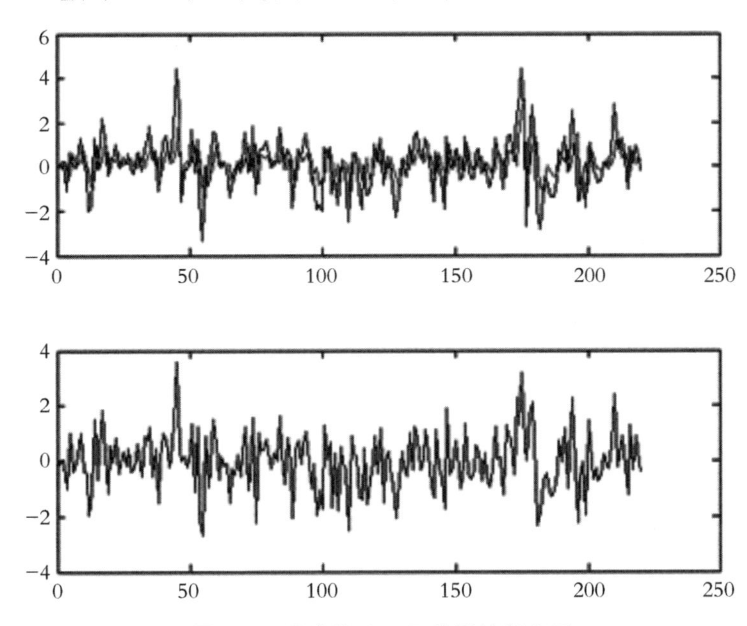

图 5-4　半参数 STAR 模型的拟合图

5.4　模型样本外预测能力比较

在文献中，用于预测汇率的方法有很多，大致可以分为两类：基本分析法和技术分析法。基本分析法是根据各种汇率决定理论，如购买力平价理论、利率平价理论、Mundell-Fleming 模型、灵活价格模型和汇率超调模型，对汇率进行预测。大量的实证分析结果表明，现有的汇率理论解释能力十分低下，无法解释汇率的变动。按照这些理论建立的预测模型解释能力基本为 0，甚至连最简单的随机游走模型都不如。技术分析法主要是根据汇率的历史数据对汇率进行预测，主要有图标分析法、过滤器分析法和时间序列分析法。我们在这里列举一些最常用的模型，比如随机游走模型、自回归模型、门限自回归模型、平滑转换自回归模型、人工神经网络模型。下面我们将比较本书提出的半参数平滑转换自回归模型与上述模型的预测能力。

5.4.1 模型简介

随机游走模型（random walk model，RW）由英国统计学家 Kendall 于 1953 年提出，用于解释股票价格波动。他认为股票价格没有规律可循，这意味着股价遵循的是随机游走规律。在这个模型中，时间序列上的每个点都会随机地偏离现在的位置，这样的行为可以被描述为：

$$y_t = y_{t-1} + e_t,\quad t = 1, \cdots, T$$

式中，y_t 为 t 时间的预测值，y_{t-1} 为 $t-1$ 时间的预测值，e_t 为预测误差。随机游走从它的初始值开始游离，没有表现出特定的方向或是趋势。

自回归模型（autoregressive model，AR）描述的是当前值与历史值之间的关系，数学表达式为：

$$y_t = c + \sum_{i=1}^{p} \varphi_i y_{t-i} + e_t \tag{5-5}$$

式中：e_t 是一个白噪声过程。

自回归模型是一种线性预测，即已知 N 个数据，可由模型推出第 N 个点前面或后面的数据（设推出 P 点），所以其本质类似于插值。

门限自回归模型（threshold autoregressive model，TAR）最早由 Tong（1989）提出，并由 Tong 和 Lim（1980）及 Tong（1983）发展和完善。其中，最具代表性的是二机制门限自回归模型，一般表达式为：

$$y_t = (\mu_1 + \sum_{i=1}^{k} \varphi_{1,i} y_{t-i}) I(y_{t-d};\ c) + (\mu_2 + \sum_{i=1}^{k} \varphi_{2,i} y_{t-i})(1 - I(y_{t-d};\ c)) + e_t \tag{5-6}$$

式中：c 是门限参数，为一常数；d 为延迟参数，为一正整数；y_{d-t} 为门限变量；残差项 e_t 服从均值为 0、方差为 σ^2 的独立同分布过程。$I(x_t;\ c)$ 为指示函数，定义为：

$$I(x_t;\ c) = \begin{cases} 1, x_t < c \\ 0, x_t \geqslant c \end{cases}$$

人工神经网络模型（artificial neural network model，ANN）是建立在人类大脑拓扑结构上的数据处理系统，或者说是模拟生物神经元的组织和功能的数学模型。1943 年心理学家 McClulloch 和数学家 Pitts（1943）提出了形式神经元的数学模型，由此开创了神经网络计算理论研究。人工神经网络模型的基本单位是神经元，由三个层次组成：输入层、隐层和输出层。首先需要定义一个评估函数用来衡量网络输出与期望输出之间的差距，然后由一组随机的能够描述输入和输出变量间关系的权重开始，通过一个被称为“训练”的过程来寻找最优权重，使这个差距最小。目前的训练方法主要有反向传播算法（back-propagation algorithm）、可折叠的神经网络（collapsible neural network）和遗传算法（genetic algorithm）三种。神经网络特有的非线性适应性信息处理能力使其具有自学习功能、联想存储功能和高速寻找优化解功能。

5.4.2 预测能力比较

首先，我们计算半参数平滑转换自回归模型和上述各种模型的样本外一步向前预测值（one-step-ahead forecasts），并且用预测误差的方差平均值（MSFE）和预测误差的绝对值平均值（MAFE）来评价预测效果。预测误差的方差平均值和预测误差的绝对值平均值的定义如下：

$$MSFE = m^{-1} \sum_{i=1}^{m} (Y_{T+i} - \hat{Y}_{T+i})^2 \tag{5-7}$$

$$MAFE = m^{-1} \sum_{i=1}^{m} \left| Y_{T+i} - \hat{Y}_{T+i} \right| \tag{5-8}$$

式中：m 为预测的长度并且令 m=50。

所有计算结果列于表 5-4 中，我们可以看出，半参数 STAR 模型的预测结果要优于其他模型。

表 5-4 **样本外预测值比较**

	SSTAR	RW	AR	TAR	STAR	ANN
MSFE	1.595708	2.20556	2.775227	1.904006	1.970587	2.498153
MAFE	0.976903	1.147971	1.261935	1.023394	1.039084	1.193843

从表 5-4 中可以看出，虽然半参数平滑转换自回归模型的 MSFE 和 MAFE 计算结果要优于其他模型，但是相对于门限自回归模型、平滑转换自回归模型的 MSFE 和 MAFE 来说，其差异并不大，因此需要进一步检验这种差异是否显著。本书采用由 White（2000）和 Hansen（2005）提出的三种 SPA 检验（superior predictive ability test）来验证这个结果。SPA 检验的原假设为被检验模型的预测能力不逊于所有比较模型，这里的比较模型包括随机游走模型、自回归模型、门限自回归模型、平滑转换自回归模型、人工神经网络模型。在进行 SPA 检验时，预测误差平方值的距离（SFE）和预测误差绝对值的距离（AFE）作为损失函数用来评价模型的表现。我们用 SPA_u 表示 White（2000）提出的真实性检验（reality check test），用 SPA_l 和 SPA_c 代表 Hansen（2005）提出的 SPA 检验。Hansen（2005）的 SPA_l 检验和 SPA_c 检验对 White（2000）的 SPA_u 检验做了改进，增强了检验的势（power）。SPA_l 检验和 SPA_c 检验的区别在于，前者只是在计算统计量时简单地去除表现差的备选模型，而后者会在差中选优保留备选模型中表现不是那么差的模型。这一差别会导致不同的临界值，使 SPA_c 检验与 SPA_l 检验相比有更好的小样本性质。所有检验的 p 值列于表 5-5，检验结果显示无法拒绝原假设，我们的模型不逊于所有的比较模型。

表 5-5 **样本外预测值比较**

	SPA_l	SPA_c	SPA_u
SFE	0.1298	0.5344	0.6996
AFE	0.2526	0.5290	0.7996

最后，我们用由 Clark 和 McCracken（2001，2005）提出的 ENC-

NEW 检验，来研究半参数 STAR 模型的预测和所有其他比较模型的预测是否具有等价的准确性。ENC-NEW 检验的原假设是限制模型的预测与非限制模型的预测具有相同准确性，备择假设是非限制模型显著地改善预测的准确性。我们依次用一个比较模型（RW、AR、TAR、STAR 和 ANN）作为限制模型，用半参数 STAR 模型作为非限制模型，进行 ENC-NEW 检验。表格 5-6 列举了检验结果，第 2 列到第 6 列表示用比较模型作为原假设，用半参数 STAR 模型作为备择假设的 ENC-NEW 检验；第 1 行和第 2 行分别表示 ENC-NEW 检验统计量和对应的 p 值。从表 5-6 中可以看出，所有检验的 p 值都为 0，拒绝原假设。

表 5-6　　**样本外预测能力比较：ENC-NEW 检验**

ENC-NEW	RW	AR	TAR	STAR	ANN
样本统计量	20.01377	38.33405	9.27720	10.95014	24.56689
p 值	0.00000	0.00000	0.00000	0.00000	0.00000

5.5　结论

汇率问题一直是 STAR 模型在经济学领域里最重要也是最成功的应用。根据购买力平价理论，汇率会对购买力平价存在均值回归现象，而由这种观点构建的各种汇率决定模型就是要研究当汇率偏离均衡汇率时，其回归到均衡汇率的动态走势。由于存在投资人的异质性、套利成本或交易成本和政府干预等因素，这种调整过程是非线性的，因而不能用线性模型来研究汇率的走势。Taylor 和 Peel（2000）指出，汇率在向均衡值调整时，可能是非线性的动态路径。STAR 模型非常适合被运用到这种情况，大量的实证研究也证明了这一点，STAR 模型对样本数据拟合得非常好，也具有很好的经济学解释能力。但是，这些研究同时也指出，STAR 模型在样本外预测方面的表现并不好。分析其原因，可能是 STAR 模型转换方程的设定存在误差，比如转换变量选取错误、门限变量个数限制，以及过渡变量估计误差。通过对人民币实际有效汇率的样本外预测结果的检验，半参数 STAR 模型的预测能力要优于随机游走模型、自回归模型、门限自回归模型、平滑转换自回归模型、人工神经网络模型，同时半参数 STAR 模型可以有效地提高 STAR 模型的样本外预测能力。

6 总结

本书主要做了四项工作：第一，提出一个新的基于非参数方法和wild bootstrap的结构稳定性检验和模型线性化检验；第二，提出STAR模型及其扩展模型的非参数估计方法，并证明新估计量的渐近性性质；第三，检验中国主要宏观变量是否满足结构稳定性和模型线性化的假设，从而为选择合适的时间序列模型提供统计的依据；第四，用半参数STAR模型对人民币实际有效汇率进行了研究，评价样本外预测能力。

从理论研究上来看，本书拓展了已有的STAR模型，首次提出了STAR模型的半参数估计方法，并将其应用到中国宏观数据的预测。STAR模型最早是由Terasvirta和Anderson（1992）提出的，他们将其用于模拟商业周期中的非线性特征。这一模型的统计特征及估计方法则是由Granger和Terasvirta（1993）以及Terasvirta（1994）提出的。根据Terasvirta（1994）著作中的内容，STAR模型的转换方程分为两种，即对数方程和指数方程，其相应的STAR模型分别被称为LSTAR（logistic STAR）模型和ESTAR（exponential STAR）模型。在STAR

模型的实证应用中，转换方程的选择至关重要，错误的转换方程不仅不能充分解释经济变量的内在规律，更无法取得令人满意的预测结果。在现有的关于 STAR 模型应用的文献中，多数文献对转化方程的选择局限于三种形式，即指数方程、一阶对数方程和二阶对数方程。虽然理论上有更多形式的转换方程，尤其是对数方程，但由于检验方法的限制，现有的文献没有应用更多阶的转化方程。为了克服转换方程选择的局限性，避免任意地选择转化方程的具体形式，本书提出用局部线性回归（local linear estimation）的非参数方法来估计转换方程，我们把相应的 STAR 模型称为半参数平滑转化自回归模型（semi-parametric STAR model)。借鉴 Cai、Fan 和 Yao（2000）提出的函数参数模型（functional coefficient model）以及 Fan 和 Huang （2005）提到的 profile 最小二乘法，提出半参数 STAR 模型的三阶段估计法，将参数部分和非参数部分分别估计，并且用蒙特卡洛实验验证了半参数 STAR 模型的估计效果，对不同形式的转换函数，检验三阶段方法是否能很好地估计模型系数，特别是对非参数部分能否很好地估计。结果显示，半参数 STAR 模型对数据的拟合结果令人满意。针对半参数 STAR 模型的三阶段估计法，我们给出每一步相应的估计值的渐近性性质。结构稳定性检验和模型线性化检验是决定是否使用 STAR 模型的先决条件。用 LASSO 方法构造固定系数线性参数模型，再通过比较固定系数线性参数模型和与之相对应的非参数时变系数模型的残差平方和，以此为基础构造广义 F 统计量来检验稳定性，提出一个非参数的稳定性检验方法。和以往文献中已有的方法相比较，本方法的最大优点在于，在原假设下，统计量的渐进分布是标准正态分布，不需要被择假设的任何先验信息，而且这种方法不仅能够检验结构突变，还能够检验连续性结构变化，而 bootstrap 方法使稳定性检验还具有良好的小样本性质。最后，LASSO 方法避免了传统模型选择方法可能带来的模型选择误差（data snooping problem)，提高了稳定性检验的效率和可靠性。

从实证研究上来看，汇率问题一直是 STAR 模型在经济学领域最重要也是最成功的应用。根据购买力平价理论，汇率会存在均值回归现象，而由这种观点构建的各种汇率决定模型就是要研究当汇率偏离均衡汇率时，其回归到均衡汇率的动态走势。由于存在投资人的异质性、套利成本、交易成本和政府干预等因素，这种调整过程是非线性的，因而不能用线性模型来研究汇率的走势。Taylor 和 Peel（2000）指出，汇率在向均衡值调整时，可能是以非线性的动态路径，而 STAR 模型非常适合运用到这种情况。大量的实证研究也证明了这一点，STAR 模型对样本数据拟合得非常好，也具有很好的经济学解释。但是，这些研究也同时指出，STAR 模型在样本外预测的表现并不好，其原因可能是 STAR 模型转换方程的设定存在误差，比如转换变量选取错误、门限变量个数限制，以及过渡变量估计误差。运用本书提出的稳定性检验方法，我们对中国从 1997 年 1 月到 2010 年 12 月共 14 年 92 个主要月度宏观数据，包括消费、价格、汇率、财政、金融和产出等变量，两两之间关系的稳定性进行了检验。在我们所检验的 8 372 组双变量关系中，在 10%的置信水平下，有高达 72.36%的比例存在不稳定性。产生这种结果的主要原因是中国经济处在一个转型期，在这期间，消费者和生产者的行为方式发生了深刻变化，宏观经济政策目标在不断调整，宏观经济调控手段在不断创新，国民经济统计方法和统计手段也在不断变化，再加上其他一些制度创新因素，宏观经济经历了巨大变化。因此，用线性时间序列模型来拟合中国数据在大多数情况下并不合适。如果忽略中国时间序列数据的这种结构不稳定性，而用线性模型来拟合数据，那么在这种情况下所获得的估计值没有任何意义，统计推断被严重扭曲，预测也失去了准确性，所得到的政策建议也是不合理的。所以，在研究中国问题时，各种非线性模型应该是更合适的选择。

在本书的最后，笔者对本书的研究提出以下几点不足之处，并以此最为未来进一步深入研究的方向：

第一，本书使用非参数方法拓展传统的 STAR 模型，在保持 STAR 模型基本形式不变的前提下，让转换变量以非参数的形式进入转换函数，首次提出半参数 STAR 模型。在保留传统 STAR 模型较好的经济学解释能力的同时，本书模型能够避免模型误设的风险，从而提高模型的样本外预测能力。这里假定转换变量 S_t 为一维变量，实际上可以把它拓展成多维的情形。当 STAR 模型的转化变量 S_t 是一个多维向量时，较常见的处理方法是把其转化成一个指标函数，比如一个简单的线性指标函数。但在很多情况下，一个非线性的指标函数可能更符合经济理论的需要或数据本身的特性。可以把相应的 STAR 模型称为包含非线性指标函数的平滑转化自相关模型（index-nonlinear STAR model），这将是作者未来研究的一个问题。

第二，本书提出了一个新的稳定性检验方法。该方法建立在包含时间趋势的时变时间序列模型的基础上，通过局部线性回归的非参数方法来估计上述的时变系数模型，取得残差平方和，并将其与固定系数的线性参数模型的残差平方和进行比较，从而构造一个检验稳定性和模型线性化的统计量，并利用 wild bootstrap 方法求得该统计量的样本分布。和已有的检验方法相比，该统计量更容易检测到连续的结构变化，并且不要求假设关于结构断点的相关信息。但是，本书并没有推导出该统计量的大样本性质，也没有用蒙特卡洛实验考察该统计量在多种情况下的小样本绩效。因此，作者将在未来的研究中完成这一工作。

第三，本书利用半参数 STAR 模型对 1994 年 1 月到 2012 年 7 月间的人民币实际有效汇率进行了研究，并计算半参数 STAR 模型与随机游走模型、自回归模型、门限自回归模型、平滑转换自回归模型、人工神经网络模型的样本外一步向前预测值，对样本外预测能力进行了比较。由于数据量较少，本书无法对其进行更加细致的讨论，比如将各个机制分开进行预测、比较各个模型在某个机制上的预测效果、进一步验证机制转换特征发生的时间点，以及经济解释与实际数据的对应关系。在模型预测能力的评估方面，本书只进行了一步向前的样本外预测，倘若有更多的样本数据，可以对模型进行不同跨度的样本外预测，分别衡量模型短期预测和长期预测的表现情况。而且，比较模型的样本外预测能力仅仅通过一组实证数据是远远不够的，如果能够运用更多的宏观经济数据对这两个模型的样本外预测能力进行比较，应该可以使本书的模型比较结果更加具有说服力。

参考文献

[1] 陈六傅，刘厚俊. 人民币汇率的价格传递效应——基于VAR模型的实证分析 [J]. 金融研究，2007（4）.

[2] 谢赤，戴克维，刘潭秋. 基于STAR模型的人民币实际汇率行为的描述 [J]. 金融研究，2005（5）：51-59.

[3] 戴金平，王晓天. 中国的贸易、境外直接投资和实际汇率的动态关系分析 [J]. 数量经济技术经济研究，2005（11）.

[4] 方颖，郭萌萌. 中国主要宏观变量的稳定性检验：基于非参数估计与Bootstrapping的一个方法 [J]. 世界经济文汇，2009（1）：94-102.

[5] 封北麟，王贵民. 货币政策与金融形势指数FCI：基于VAR的实证分析 [J]. 数量经济技术经济研究，2006（11）.

[6] 刘柏，赵振全. 基于STAR模型的中国实际汇率非线性态势预测 [J]. 数量经济技术经济研究，2008（6）：3-10.

[7] 刘潭秋. 人民币实际汇率的非线性特征研究 [J]. 数量经济技术经济研究，2007（2）：11-18.

[8] 刘琛，卢黎薇. VAR模型框架下外商直接投资时滞效应的动态分析 [J]. 数量经济技术经济研究，2006（10）.

[9] 施建淮. 人民币升值是紧缩性的吗 [J]. 经济研究，2007（1）.

[10] 宋旺，钟正生. 我国货币政策区域效应的存在性及原因——基于最优货币

区理论的分析 [J]. 经济研究，2006 (3) .

[11] 王成勇，艾春荣. 中国经济周期阶段的非线性平滑转换 [J]. 经济研究，2010 (3): 78-90.

[12] 王璐. 汇率均值回复的非线性STAR模型 [J]. 统计应用研究，2007 (7): 50-53.

[13] 王义中，金雪军. 外商直接投资、实际汇率升值与政策选择——基于中国的经验研究 [J]. 数量经济技术经济研究，2006 (8) .

[14] 王永齐. FDI溢出、金融市场与经济增长 [J]. 数量经济技术经济研究，2006 (1) .

[15] 张凌翔，张晓峒. 通货膨胀周期波动与非线性动态调整 [J]. 经济研究，2011 (5): 17-31.

[16] 赵振全，刘柏. 我国国际收支对通货膨胀传导机制的经济计量检验 [J]. 数量经济技术经济研究，2006 (5) .

[17] ABEYSINGHE T, LU D. China as an economic powerhouse: implications on its neighbors [J]. China Economic Review, 2003, 14 (2): 164-185.

[18] AKAIKE H. Fitting autoregressive models for prediction [J]. Annals of the Institute of Statistical Mathematics, 1969 (21): 243-247.

[19] AKAIKE H. A new look at the statistical model identification [J]. IEEE Transactions on Automatic Control, 1974, 19 (6): 716-723.

[20] ALBERT J, CHIB S. Bayes inference via Gibbs sampling of autoregressive time series subject to Markov mean and variance shifts [J]. Journal of Business and Economic Statistics, 1993, 11 (1): 1-15.

[21] ALLEN D M. The relationship between variable selection and data agumentation and a method for prediction [J]. Technometrics, 1974, 16 (1): 125-127.

[22] ANDREWS D W K. Tests for parameter instability and structural change with unknown change point [J]. Econometrica, 1993, 61 (4): 821-856.

[23] ANDREWS D W K, PLOBERGER W. Optimal tests when a nuisance parameter is present only under the aternative [J]. Econometrica, 1994, 62 (6): 1383-1414.

[24] BACON D W, WATTS D G. Estimating the transition between two interesting straight lines [J]. Biometrika, 1971, 58 (3): 525-534.

[25] BEAUDRY P, KOOP G. Do recessions permanently change output? [J]. Journal of Monetary Economics, 1993 (31): 149-163.

[26] BEN-DAVID D, PAPELL D H. Slowdowns and meltdowns: postwar growth evidence from 74 countries [J]. Review of Economics and Statistics, 1998, 80 (4): 561-71.

[27] BERNANKE B, BOIVIN J, ELIASZ P. Measuring the effects of monetary policy: a factor-augmented vector autoregressive (FAVAR) approach [J]. Quarterly Journal of Economics, 2005, 120 (1): 387-422.

[28] BLANCHARD O J. Speculative bubbles, crashes and rational expectations [J]. Economics Letters, 1979, 3 (4): 387-389.

[29] BOERO G, MARROCU E. The performance of non-linear exchange rate models: a forecasting comparison [J]. Journal of Forecasting, 2002, 21 (7): 513-542.

[30] BOLLERSLEV T. Generalized autoregressive conditional heteroskedasticity [J]. Journal of Econometrics, 1986, 31 (3): 307-327.

[31] BOOTHE P, GLASSMAN D. The statistical distribution of exchange rate: empirical evidence and economic implications [J]. Journal of International Economics, 1987, 22 (3-4): 297-319.

[32] BROWN P J, VANNUCCI M, FEARN T. Bayes model averaging with selection of regressors [J]. 2002, 64 (3): 519-536.

[33] BROWN R L, DRUBIN J, EVANS J M. Techniques for testing the constancy of regression relationships over time [J]. Journal of the Royal Statistical Society: Series B, 1975, 37 (2): 149-163.

[34] CAI J. A Markov model of switching-regime ARCH [J]. Journal of Business and Economic Statistics, 1994, 12 (3): 309-316.

[35] CAI Z. Trending time-varying coefficient time series models with serially correlated errors [J]. Journal of Econometrics, 2007, 136 (1): 163-188.

[36] CAI Z, FAN J, YAO Q. Functional-coefficient regression models for nonlinear time series [J]. Journal of the American Statistical Association, 2000, 95 (451): 941-956.

[37] CAI Z W, TIWARI R C. Application of a local linear autoregressive model to BOD time series [J]. Environmetrics, 2000, 11 (2): 341-350.

[38] CAVANAUGH J E. A large-sample model selection criterion based on Kullback's symmetric divergence [J]. Statistics & Probability Letters,

1999, 42 (4): 333-343.

[39] CHAN K S. Consistency and limiting distribution of the least squares estimator of a threshold autoregression [J]. Annals of Statistics, 1993, 21 (1): 520-533.

[40] CHAN W S, TONG H. On tests for non-linearity in time series analysis [J]. Journal of Forecasting, 1986, 5 (4): 217-228.

[41] CHEN B, HONG Y. Testing for smooth structural changes in time series models via nonparametric regression [J]. Econometrica, 2012, 80 (3): 1157 - 1183.

[42] CHOW G C. Tests of equality between sets of coeffcients in two linear regressions [J]. Econometrica, 1960, 28 (3): 591-605.

[43] CHU C S J, HORNIK K, KUAN C M. The moving-estimates test for parameter stability [J]. Econometric Theory, 1995, 11 (4): 669-720.

[44] CLARK T E, MCCRACKEN M W. Tests of equal forecast accuracy and encompassing for nested models [J]. Journal of Econometrics, 2001, 105 (1): 85-110.

[45] CLARK T E, MCCRACKEN M W. The power of tests of predictive ability in the presence of structural breaks [J]. Journal of Econometrics, 2005, 124 (1): 1-31.

[46] CLEMENTS M P, SMITH J. The performance of alternative forecasting methods for SETAR models [J]. International Journal of Forecasting, 1997, 13 (4): 463-475.

[47] CUMBY R E, OBSTFELD M. International interest-rate and price-level linkages under flexible exchange rate: a review of recent evidence [M]. Chicago: University of Chicago Press, 1984.

[48] DETTE H, SPRECKELSEN I. Some comments on specification tests in nonparametric absolutely regular processes [J]. Journal of Time Series Analysis, 2004, 25 (2): 159-172.

[49] DIEBOLD F X, LEE J H, WEINBACH G C. Regime switching with time-varying transition probabilities [M]. Oxford: Oxford University Press, 1994: 283-302.

[50] DIEBOLD F X, NERLOVE M. The dynamics of exchange rate volatility: a multivariate latent factor ARCH model [J]. Journal of Applied Econometrics, 1989, 4 (1): 1-21.

[51] EITRHEIM, TERASVIRTA T. Testing the adequacy of smooth transition

autoregressive models [J]. Journal of Econometrics, 1996, 74 (1): 59-76.

[52] ENGEL C. Real exchange rates and relative prices: an empirical investigation [J]. Journal of Monetary Economics, 1993 (32): 35-50.

[53] ENGEL C. Can the Markov switching model forecast exchange rates? [J]. Journal of International Economics, 1994 (36): 151-165.

[54] ENGEL C, HAMILTON J D. Long swings in the dollar: are they in the data and do markets know it? [J]. American Economic Review, 1990 (80): 689-713.

[55] ENGLE R. Autoregressive conditional heteroscedasticity with estimates of the variance of United Kingdom infation [J]. Econometrica, 1982, 50 (4): 987-1007.

[56] FAN J. Design-adaptive nonparametric regression [J]. Journal of the American Statistical Association, 1992, 87 (420): 998-1004.

[57] FAN J. Local linear regression smoothers and their minimax efficiencies [J]. Annals of Statistics, 1993, 21 (1): 196-216.

[58] FAN J. A selective overview of nonparametric methods in financial econometrics [J]. Statistical Science, 2005, 20 (4): 317-337.

[59] FAN J, GIJBELS I. Local polynomial modeling and its applications [M]. London: Chapman and Hall, 1996.

[60] FAN J, HUANG T. Profile likelihood inferences on semiparametric varying-coefficient partially linear models [J]. Bernoulli, 2005, 11 (6): 1031-1057.

[61] FAN J, YAO Q. Nonlinear time series: nonparametric and parametric methods [M]. New York: Springer-Verlag, 2005.

[62] FILARDO A J. Business-cycle phases and their transitional dynamics [J]. Journal of Business and Economic Statistics, 1994, 12 (3): 299-308.

[63] FOSTER D P, GEORGE E I. The risk inflation criterion for multiple regression [J]. The Annals of Statistics, 1994, 22 (4): 1947-1975.

[64] EFRON B, HASTIE T, JOHNSTONE I, et al. Least angle regression [J]. The Annals of Statistics, 2004, 32 (2): 407-499.

[65] GARCIA R, PERRON P. An analysis of the real interest rate under regime shifts [J]. Review of Economics and Statistics, 1996, 78 (1): 111-125.

[66] GEORGE E I, MCCULLOCH R E. Variable selection via Gibbs sampling [J]. Journal of the American Statistical Association, 1993, 88 (423): 881-889.

[67] GEORGE E I, MCCULLOCH R E. Approaches for Bayesian variable selection [J]. Statistica Sinica, 1997, 7 (2): 339-373.

[68] GHYSELS E. On the periodic structure of the business cycle [J]. Journal of Business and Economic Statistics, 1994, 12 (3): 289-298.

[69] GOLDFELD S M, QUANDT R. Nonlinear methods in Econometrics [M]. Amsterdam: NorthHolland, 1972.

[70] GOLDFEL S M, QUANDT R. A Markov model for switching regressions [J]. Journal of Econometrics, 1973, 1 (1): 3-16.

[71] GONZALEZ A, TERASVIRTA T, VAN DIJK D. Panel smooth transition regression models [D]. Working paper, Department of Economic Statistics, Stockholm School of Economics, 2005.

[72] GOODWIN T H. Business-cycle analysis with a Markov switching model [J]. Journal of Business and Economic Statistics, 1993, 11 (3): 331-339.

[73] GRANGER C W J, SWANSON N R. Future developments in the study of cointegrated variables [J]. Oxford Bulletin of Economics and Statistics, 1996, 58 (2): 537-553.

[74] GRANGER C W J, TERASVIRTA T. Modeling nonlinear economic relationships [M]. Oxford: Oxford University Press, 1993.

[75] GRAY S F. Modeling the conditional distribution of interest rates as a regimeswitching process [J]. Journal of Financial Economics, 1996, 42 (1): 27-62.

[76] HAGGAN V, OZAKI T. Modeling nonlinear vibrations using an amplitude-dependent autoregressive time series model [J]. Biometrika, 1981 (68): 189-96.

[77] HAMILTON J. Rational - expectations econometric analysis of changes in regimes: an investigation of the term structure of interest rates [J]. Journal of Economic Dynamics and Control, 1988, 12 (2-3): 385-423.

[78] HAMILTON J. A new approach to the economic analysis of nonstationary time series and the business cycle [J]. Econometrica, 1989, 57 (2): 357-384.

[79] HAMILTON J D. Analysis of time series subject to changes in regime

[J]. Journal of Econometrics, 1990, 45 (1-2): 39-70.

[80] HAMILTON J D, SUSMEL R. Autoregressive conditional heteroscedasticity and changes in regime [J]. Journal of Econometrics, 1994, 64 (1-2): 307-333.

[81] HANSEN B E. The new econometrics of structural change: dating breaks in U. S. labor productivity [J]. Journal of Economic Perspectives, 2001, 15 (4): 117-128.

[82] HANSEN B E. Testing for parameter instability in linear models [J]. Journal of Policy Modeling, 1992b, 14 (4): 517-533.

[83] HANSEN P R. A test for superior predictive ability [J]. Journal of Business and Statistics, 2005, 23 (4): 365-380.

[84] HARVEY A C, RUIZ E, SHEPHARD N. Multivariate stochastic variance models [J]. Review of Economic Studies, 1994, 61 (2): 247-264.

[85] HASTIE T J, TIBSHIRANI R J. Generalized additive models [M]. London: Chapman and Hall, 1990.

[86] HJORT N L, KONING A. Tests for constancy of model parameters over time [J]. Nonparametric Statistics, 2002, 14 (1-2): 113-132.

[87] HOLDEND D, PERMANENT R. Unit roots and cointegration for the economist [M]. New York: Saint Martin Press, 1994.

[88] HURVICH C M, TSAI C L. Regression and time series model selection in small samples [J]. Biometrika, 1989, 76 (2): 297-307.

[89] IBRAGIMOV I A. A note on the central limit theorems for dependent random variables [J]. Theory of Probability and Its Applications, 1975, 20 (1): 135-141.

[90] ISHIGURO M, SAKAMOTO Y, KITAGAWA G. Bootstrapping log likelihood and EIC, an extension of AIC [J]. Annals of the Institute of Statistical Mathematics, 1997, 49 (3): 411-434.

[91] JACQUIER E, POLSON N G, ROSSI P. Bayesian analysis of stochastic volatility models [J]. Journal of Business and Economic Statistics, 1994 (12): 371-417.

[92] KENDALL D G. Stochastic processes occurring in the theory of queues and their analysis by the method of the imbedded Markov chain [J]. The Annals of Mathematical Statistics, 1953 (24): 338-354.

[93] KIM C J, NELSON C R. Business cycle turning points, a new coincident index, and tests of duration dependence based on a dynamic

factor model with regime switching [J]. Review of Economics and Statistics, 1998, 80 (2): 188-201.

[94] KIM M J, YOO J S. New index of coincident indicators: a multivariate Markov switching factor model approach [J]. Journal of Monetary Economics, 1995, 36 (3): 607-630.

[95] KREISS J P, NEUMANN M H, YAO Q. Bootstrap tests for simplesructures in nonparametric time series regression [J]. Statistics and Its Interface, 2008, 1 (2): 367-380.

[96] KONISHI S, KITAGAWA G. Generalised information criteria in model selection [J]. Biometrika, 1996, 83 (4): 875-890.

[97] KWIATKOWSKI L G, PHILLIPS P C B, SCHMIDT P, et al. Testing the null of stationarity against the alternative of a unit root: how sure are we that economic time series have a unit root? [J]. Journal of Econometrics, 1992, 54 (1-3): 159-178.

[98] LAM P S. The Hamilton model with a general autoregressive component [J]. Journal of Monetary Economics, 1990, 26 (3): 409-432.

[99] LEYBOURNE S, NEWBOLD P, VOUGAS D. Unit roots and smooth transition [J]. Journal of Time Series Analysis, 1998, 19 (1): 83-97.

[100] LU C R, LIN Z Y. Limit theories for mixing dependent variables [M]. Beijing: Science Press, 1997.

[101] LUNDBERGH S, TERASVIRTA T. Modelling economic high-frequency time series with STAR-GARCH models [D]. Working Paper, Department of Economic Statistics, Stockholm School of Economics, 1998.

[102] LUNDBERGH S, TERASVIRTA T. Forecasting with smooth transition autoregressive models [M]. Oxford: Basil Blackwell, 2001.

[103] LUNDBERGH S, TERASVIRTA T, VAN DIJK D. Time-varying smooth transition autoregressive models [D]. Working Paper, Stockholm School of Economics, 2000.

[104] LUTKEPOHL H, KRATZIG M. Applied time series econometrics [M]. Cambridge: Cambridge University Press, 2004.

[105] LUUKKONEN R, SAIKKONEN P, TERASVIRTA T. Testing linearity against smooth transition autoregressive models [J]. Biometrika, 1988a, 75 (3): 491-499.

[106] MADDALA DS. Econometrics [M]. New York: McGraw-Hill, 1977.
[107] MALLOWS C L. Some Comments on C_p [J]. Technometrics, 1973, 15 (4): 661-675.
[108] MELINO A, TURNBULL S M. Pricing foreign currency options with stochastic volatilty [J]. Journal of Econometrics, 1990, 45 (1-2): 239-265.
[109] MCCONNELL M M, PEREZ- QUIROS G. Output fuctuations in the United States: what has changed since the early 1980s [J]. American Economic Review, 2000, 90 (5): 1464-1476.
[110] MCCULLOCH W S, PITTS W. A logical calaulus of the ideas immanent in nervous activity [J]. Bulletin of Mathematical Biophysics, 1990, 52 (1/2): 99-115.
[111] MCQUARRIEA A, SHUMWAYB R, TSAI C L. The model selection criterion AIC_U [J]. Statistics and Probability Letters, 1997, 34 (3): 285-292.
[112] MEESE R A, ROGOFF K. Empirical exchange rate models of the seventies: do they fit out of sample? [J]. Journal of International Economics, 1983, 14 (1-2): 3-24.
[113] MUSSA M. Our recent experience with fixed and flexible exchange rates [J]. Carnegie Rochester Supplement, 1979 (3): 1-50.
[114] NADARAYA E A. On estimating regression [J]. Theory of Probability & Its Applications, 1964, 9 (1): 141-142.
[115] NYBLOM J. Testing for the constancy of parameters over time [J]. Journal of the American Statistical Association, 1989, 84 (405): 223-230.
[116] PESARAN M H, POTTER S. A floor and ceiling model of US output [J]. Journal of Economic Dynamics and Control, 1997 (21): 661-695.
[117] PLOBERGER W, KRAER W. The CUSUM test with OLS residuals [J]. Econometrica, 1992, 60 (2): 271-285.
[118] POLITIS D N, ROMANO P. A general resampling scheme for triangular arrays of α-mixing random variables with application to the problem of spectral density estimation [J]. The Annals of Statistics, 1992, 20 (4): 1985-2007.
[119] POTTER S. A nonlinear approach to US GNP [J]. Journal of Applied Econometrics, 1995, 10 (2): 109-125.

[120] QI L, TENG J Z. Financial development and economic growth: evidence from China [J]. China Economic Review, 2006, 17 (4): 395-411.

[121] QUANDT R. Tests of the hypothesis that a linear regression system obeys two separate regimes [J]. Journal of the American Statistical Association, 1960, 55 (290): 324-330.

[122] QUANDT R E. The estimation of the parameters of a linear regression system obeying two separate regimes [J]. Journal of the American Statistical Association, 1958, 53 (284): 873-80.

[123] QUANDT, R E. A new approach to estimating switching regressions [J]. Journal of the American Statistical Association, 1972, 67 (338): 306-310.

[124] RAPACH D E, WOHAR M E. In-sample vs. out-of-sample tests of stock return predictability in the context of data mining [J]. Journal of Empirical Finance, 2006, 13 (2): 231-247.

[125] ROBINSON P M. Nonparametric estimation of time-varying parameters [M]. Berlin: Springer, 1989.

[126] ROBINSON P M. Time - varying nonlinear regression [M]. Berlin: Springer, 1991.

[127] SARANTIS N. Modeling non-linearities in real effective exchange rates [J]. Journal of International Money and Finance, 1999, 18 (1): 27-45.

[128] SCHALLER H, VAN NORDEN S. Regime switching in stock market returns [J]. Applied Financial Economics, 1997, 7 (2): 177-191.

[129] SCHWARZ G. Estimating the dimension of a model [J]. The Annals of Statistics, 1978, 6 (2): 461-464.

[130] SEGHOUANE A K, BEKARA M. A small sample model selection criterion based on Kullback′s symmetric divergence [J]. IEEE Transactions on Signal Processing, 2004, 52 (12): 331-4 3323.

[131] SHAO J. An asymptotic theory for linear model selection [J]. Statistica Sinica, 1997 (7): 221-264.

[132] SOLA M, DRIFFILL J. Testing the term structure of interest rates using a stationary vector autoregression with regime switching [J]. Journal of Economic Dynamics and Control, 1994, 18 (3-4): 601-628.

[133] SPIEGELHALTER D J, BEST N G, CARLIN B P, et al. Bayesian measures of model complexity and fit [J]. Journal of the Royal

Statistical Society: Series B (Statistical Methodology), 2002, 64 (4): 583-639.

[134] STOCK J H, WATSON M W. Evidence on structural instability in macroeconomic time series relations [J]. Journal of Business and Economic Statistics, 1996, 14 (3): 11-30.

[135] STOCK J H, WATSON M W. A comparison of linear and nonlinear univariate models for forecasting macroeconomic time series [M]. Oxford: Oxford University Press, 1999.

[136] TAKEUEHI K. Distribution of information statisties and a criterion of model fitting [J]. Suri - Kagaku (Mathematical Seiences), 1976 (153): 12-18.

[137] TAYLORA M P, PEEL D A. Nonlinear adjustment, long-run equilibrium and exchange rate fundamentals [J]. Journal of International Money and Finance, 2000, 19 (1): 33-53.

[138] TERAVIRTA T. Specification, estimation, and evaluation of smooth transition autoregressive models [J]. Journal of the American Statistical Association, 1994, 89 (452): 208-218.

[139] TERASVIRTA T, ANDERSON H M. Characterizing nonlinearities in business cycles using smooth transition autoregressive models [J]. Journal of Applied Econometrics, 1992 (7): S119-S136.

[140] TERASVIRTA T, VAN DIJK D, MEDEIROS M C. Linear models, smooth transition autoregressions, and neural networks for forecasting macroeconomic time series: a re - examination [J]. International Journal of Forecasting, 2005 (21): 755-774.

[141] TIBSHIRANI R J. Regression shrinkage and selection via the lasso [J]. Journal of the Royal Statistical Society, 1996, 58 (1): 267-28.

[142] TIBSHIRANI R, KNIGHT K. The covariance inflation criterion for adaptive model selection [J]. Journal of the Royal Statistical Society: Series B (Statistical Methodology), 1999, 61 (3): 529-546.

[143] TONG H. Threshold models in non - linear time series analysis [M]. Berlin: Springer, 1983.

[144] TONG H. Nonlinear time series models of regularly sampled data: a review [J]. Progress in mathematics, 1989 (18): 22-43.

[145] TONG H, LIM K S. Threshold autoregression, limit cycles and cyclical data [J]. Journal of the Royal Statistical Society, Series B, 1980

(42)：245-292.

[146] TROTTA R. Bayes in the sky：bayesian inference and model selection in cosmology [J]. Contemporary Physics，2008，49 (2)：1366-5512.

[147] TONG H. Non-linear time series：a dynamical system approach [M]. Oxford：Oxford University Press，1990.

[148] VAN DIJK D，FRANSES P H，LUCAS A. Testing for smooth transition nonlinearity in the presence of additive outliers [J]. Journal of Business and Economic Statistics，1999，17 (2)：217-235.

[149] VAN DIJK D，TERAVIRTA T，FRANSES P H. Smooth transition autoregression models- a survey of recent developments [J]. Econometric Reviews，2002，21 (1)：1-47.

[150] WESTERFIELD J M. An examination of foreign exchange risk under fixed and floating rate regimes [J]. Journal of International Economics，1977 (7)：181-200.

[151] WHITE H. A reality check for data snooping [J]. Econometrica，2000，68 (5)：1097-1126.

[152] YANAGIHARA H，TONDA T，MATSUMOTO C. Bias correction of cross-validation criterion based on Kullback- Leibler information under a general condition [J]. Journal of Multivariate Analysis，2006，97 (9)：1965-1975.

索引